新版 寶寶大腦開竅的黃金七堂課

日本腦科學最高權威
久保田競

幼兒教育家
久保田佳代子

皆為久保田育兒法能力開發教室 理事

三悅文化

現今作為從0歲開始培養寶寶腦力的育兒法而被世界認可的「久保田育兒法」，是我們夫婦以30多年前總結的《寶寶的教育》一書為基礎，與雜誌《我的寶寶》編輯部共同創立教室，在實際與寶寶們接觸的過程中開發而得出的育兒法。

其成果為1987年出版的《24個月！培養寶寶能力和意志力》、2004年出版《讓能力和意志力發展的積極育兒法》，而2007年出版的《寶寶大腦開竅的黃金七堂課》一書是該成果

寫在《寶寶大腦開竅的黃金七堂課》改訂之際

的最終體現，即本書的舊版，利用照片更具體地解說了該如何培養寶寶腦力。《寶寶大腦開竅的黃金七堂課》一書也讓我的太太佳代子作為「腦科學阿嬤」而被世人熟知，至今為止銷售量將近30萬冊。

從本書的初版發行至今將近10年了。腦科學研究一直在不斷進步。所有的運動與行動都開始於前額葉皮質這一點已經非常清晰了。在育兒的過程中，重要的是要讓前額葉皮質充分發

揮作用。讓寶寶不斷運動與行動所具有的深刻意義已獲得科學證實。讓寶寶四處走動及使用手指玩耍，可提升前額葉皮質功能，培育出聰明的孩子。

我透過自己的體驗與大腦發展研究成果，認為在「嬰兒教育」中培育出發達的大腦是非常重要的。利用我的育兒法培育出的孩子中，有很多是在社會上大有作為的人。

我發明的育兒法，不僅是增加孩子的知識，更是為了讓包括運動、感覺、社會性、情操方面在內的所有領域皆均衡發展，進行各式訓練。只要您照著本書所寫的方法進行，即可擴大大腦區域、讓大腦更好運轉、提高寶寶智商。此外有研究表明，在男孩子中出現了「長子比次子智商更高」這一傾向。當然，即便是次子，只要留心教育的話，智商也可提升。

寶寶無法自己提升腦力。如果想讓自己的孩子成為一個聰明的孩子，那麼父母必須從寶寶出生那天起就開始對其進行大腦訓練。使用大腦的時候，傳遞資訊的神經細胞會發揮作用，神經細胞之間的聯繫會加強。此外，神經細胞的數量也會增加，最終擴大了被使用的大腦區域。相反的，如果不使用大腦的話，神經細胞之間的聯繫會減弱、大腦的領域會縮小。我確信「在發育期擴大大腦的區域是好事」，為了讓這一想法成為普遍認知，還需要不斷進行大腦研究。

請您以本書為參考，培育出開創美好未來的後代吧！

久保田 競

目錄

2 育腦 實踐篇 …… 20

久保田競教授的最新腦科學報告

大腦的構造

腦部的不同部位
發揮著不同的作用。
其中進行高層次作業的部分是
前額葉皮質。

近十幾年來，腦科學研究獲得了顯著進步。
特別是進入21世紀後，在MRI（核磁共振）等技術發展的影響下，
接二連三發表了各種新的研究論文。
此外最近也出版了很多以腦科學為主題的書籍，
因此我想應該有人已經聽說過「額葉」及「前額葉皮質」等說法吧？
在接收此類最新資訊的同時，
首先讓我們來瞭解一下大腦的構成及作用吧！

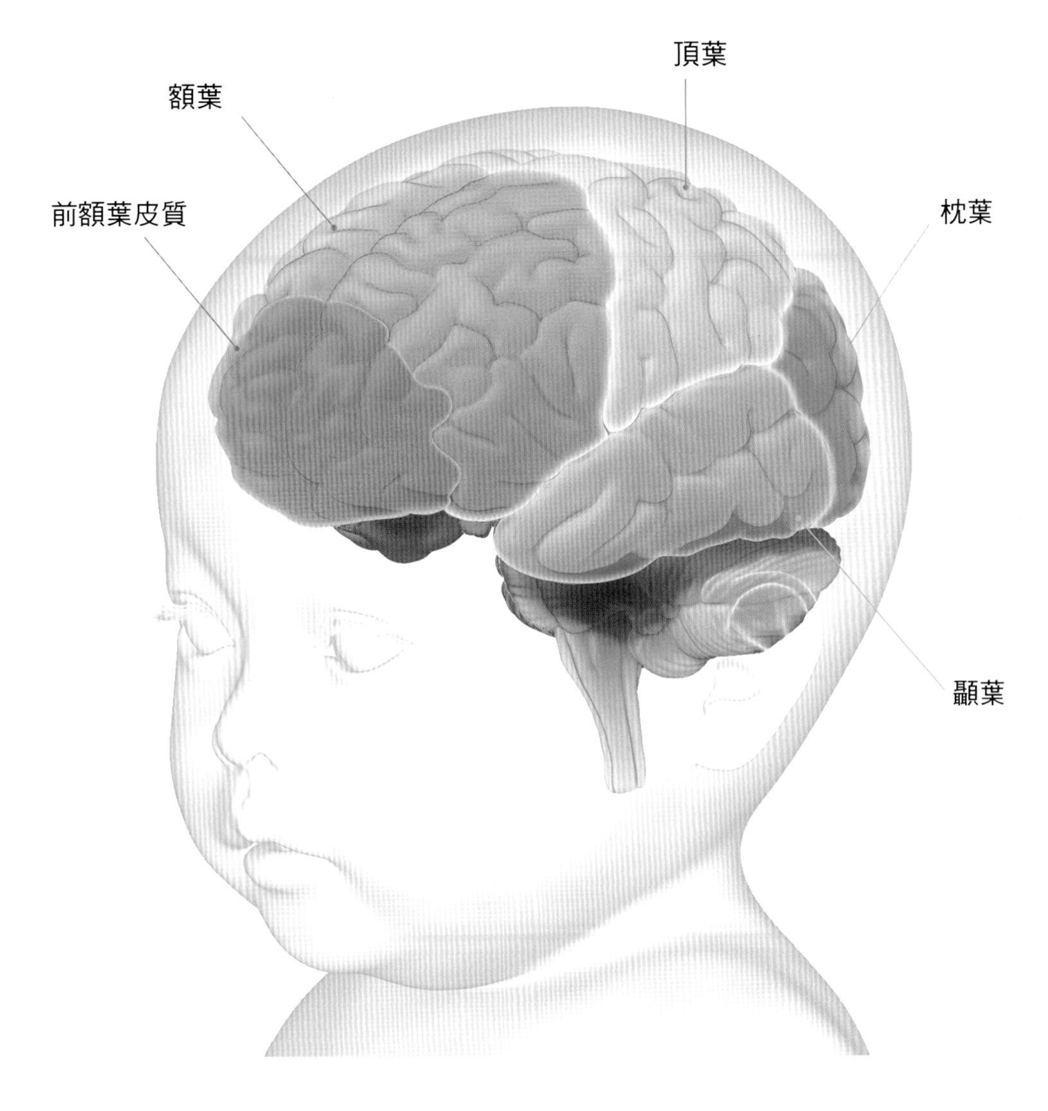

依據大腦表面（大腦皮質）的作用，將大腦分為了額葉、頂葉、枕葉、顳葉共四個區塊。所有的領域均衡發揮機能，使得大腦正常運作，其中位於額葉前半部分的前額葉皮質，對思考、行動發揮著重要作用。

在大腦中發揮最高級作用的是「前額葉皮質」

大腦表面有一個被稱為**大腦皮質**的部位，這裡連接著全身的神經迴路，感受熱與痛、認識所見所聞、對手腳發出動作指示等，對人體生存負擔著極其重要的作用。此大腦皮質的不同區域具有完全不同的功能。

第9頁圖1是布羅德曼（Brodmann）於約100年前製成的大腦圖譜。依據不同功能將大腦分為1～52個區域，並分別命名。大部分與經過MRI掃描確認的最近期研究一致，因此在講解「大腦功用」時，人們經常使用此大腦圖譜。我將參考該圖譜，為您說明大腦各部分的作用。

大腦分為4大區塊

大腦正中間、連接兩耳的線條下方，有一個被稱為中央溝的溝槽。中央溝的前方為**額葉**、後方為**頂葉**、更後方為**枕葉**。從枕葉往側面延伸的部分為**顳葉**。

如此，大腦表面被分為了額葉、頂葉、枕葉、顳葉共四個區塊。

前額葉皮質負責思考、行動

額葉的前半部分稱為前額葉皮質，負責指示人體做出思考、判斷、行動。與其他動物相比，人類的前額葉皮質十分發達，由此可見前額葉皮質是大腦皮質中最重要的部位，讓人類具有經過思考後做出行動這一人類高級（高層次）行為。其中，前頭極（第10區）在進行高層次作業時十分活躍，是人類和大型靈長類才有的部位，而人類的這一區域非常發達。

這裡所說的高層次作業指的是做出複雜行動時的大腦的高級作用方式（比如，「行動」比「運動」的品質更高），因此為了讓大腦可以進行高級動作，需要鍛鍊前額葉皮質。

圖1 布羅德曼（Brodmann）細胞構造圖譜（大腦左半球皮質）

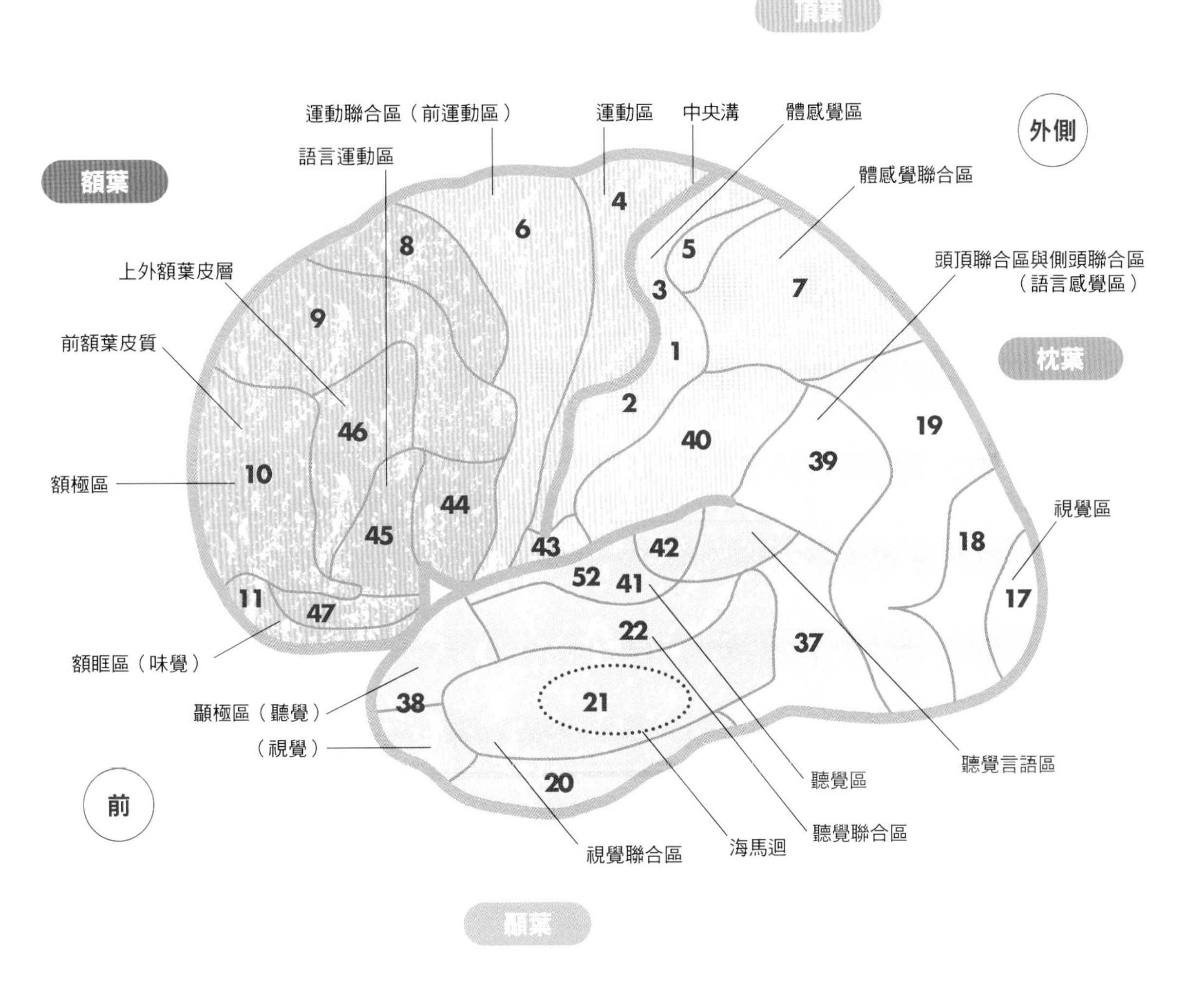

大腦的不同部位
分工合作

中央溝的前面緊接著的是**運動區**。這個部分讓身體各部位的肌肉配合身體意圖行動，適應外界環境。其他還有諸如接收身體接觸到的資訊的**皮膚感覺區**、接收處理眼睛看到的資訊的**視覺區**、接收耳朵聽到的資訊的**聽覺區**等，各個部位細分成不同功能，大腦的不同部位進行分工合作。

順帶一提，「聯合區」的「聯合」指的是連結兩個以上的心理過程之意。比如，透過連結想吃東西這一心理與吃東西這一行為，人們才能夠做出吃東西這一動作。可以說「聯合區」是實現高層次精神機能的部位。

此外，大腦的構造非常精密，大腦中沒有一個部位是沒用的。

大腦採分層（階級）工作方式

大腦是分工工作的，那麼各部分是以何種方式相互傳遞資訊的呢？

以看到媽媽的臉為例進行說明。眼睛看到媽媽的臉後，複雜的視覺就按照布羅德曼（Brodmann）細胞構造圖譜（參閱第9頁）的17區、18區、19區、21區的順序傳遞資訊。之後進行彙整後再傳遞至39區、40區（頭頂聯合皮質區與側頭聯合皮質區），這樣才完成了「看到媽媽」這一動作。

同樣的，皮膚產生感覺這一事象，是由1區、2區、3區（體感覺區）傳遞至5區、7區（體感覺聯合區），之後再從此處傳遞至39區、40區（頭頂聯合皮質區與側頭聯合皮質區），之後人體才會有被觸碰到的感覺。

聽到聲音時，刺激從耳朵進入，傳遞到41區（聽覺區）、22區（聽覺聯合區）、39區（頭頂聯合區）。

如此可以發現，在大腦之中，只有負責同樣功能的地方才會相連，像高層建築一般分成1樓、2樓、3樓，資訊漸漸傳遞到複雜而高層次的地方。將這一現象稱為「大腦採分層（階級）工作方式」。（參閱11頁圖2）

順帶一提，功能系統不同的運動區與感覺區是不會相連的。

如此，大腦在分工的同時又緊密合作在一起。為了鍛鍊腦力，就必須均衡鍛鍊分工的大腦各部位。

圖2 大腦採分層工作方式

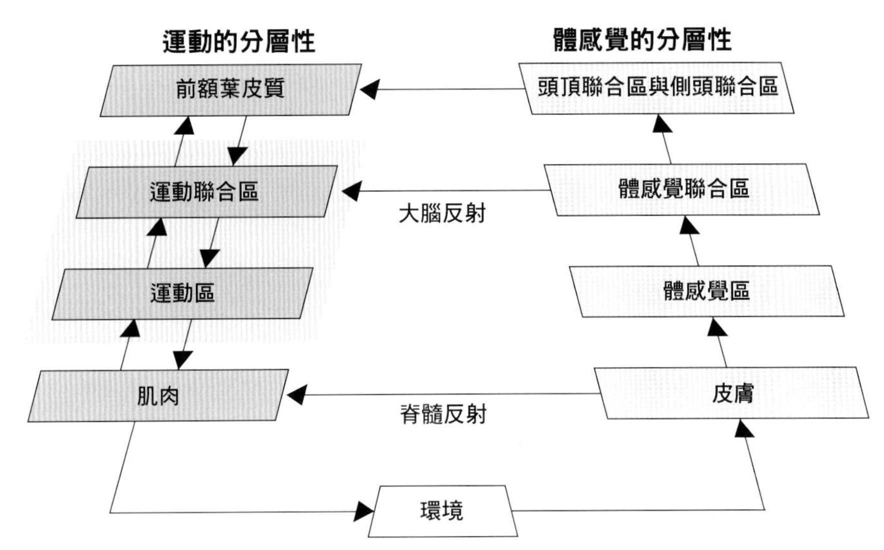

圖3 大腦分工

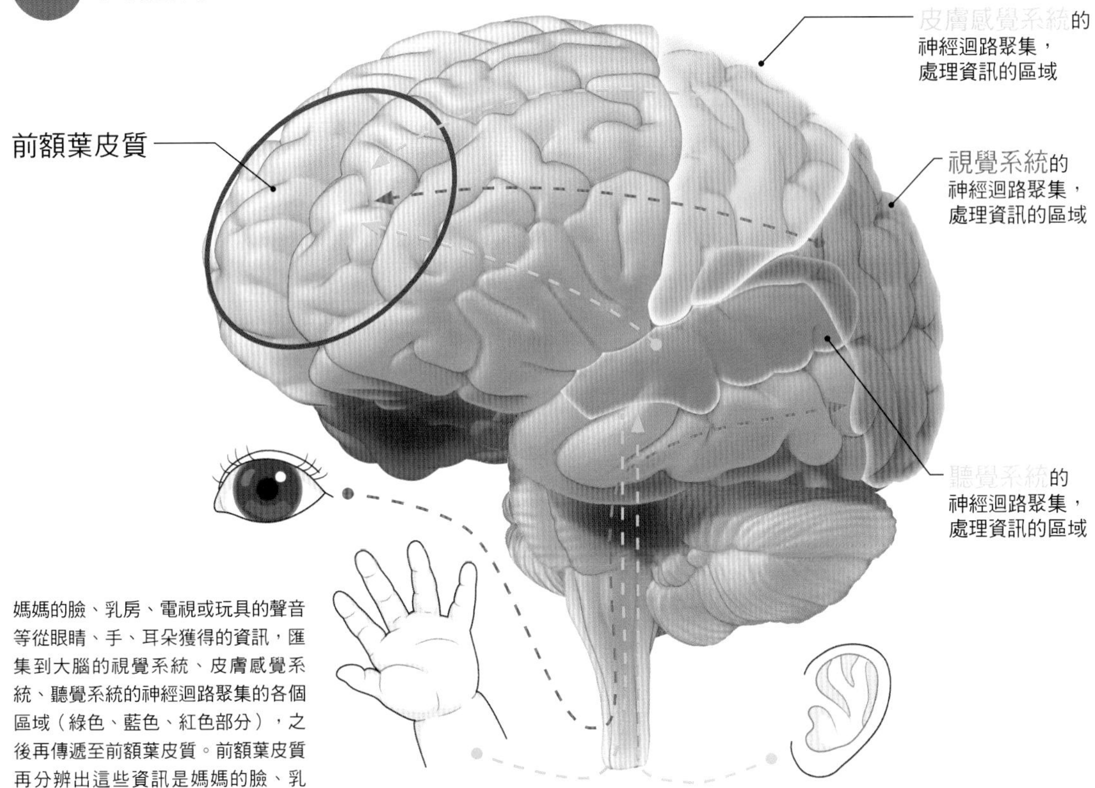

媽媽的臉、乳房、電視或玩具的聲音等從眼睛、手、耳朵獲得的資訊，匯集到大腦的視覺系統、皮膚感覺系統、聽覺系統的神經迴路聚集的各個區域（綠色、藍色、紅色部分），之後再傳遞至前額葉皮質。前額葉皮質再分辨出這些資訊是媽媽的臉、乳房、太鼓聲。

透過增加突觸
可讓大腦神經迴路更加緊密

之前我們敘述了資訊是以何種路徑傳遞的，而傳遞資訊的正是**神經細胞（神經元）**。

資訊只有在神經細胞與神經細胞連結形成神經迴路後才可進行傳遞，而剛剛出生的寶寶的神經細胞還未連結。透過給予刺激，可以在神經細胞尖端形成突觸，幫助神經細胞與神經細胞連結，產生神經傳導物質，並將資訊傳遞給下一個突觸。

如此，神經細胞透過突觸不斷進行連結，我們將這種活動電流傳遞資訊的過程稱為「大腦在工作」。（參閱13頁圖3）

小寶寶經歷眼睛看東西、耳朵聽聲音、舌頭嚐一嚐等新體驗時，資訊會傳遞至大腦中，在神經細胞內形成突觸，使得大腦迴路產生新的連結。越是大量經歷各式體驗，越能夠產生大量突觸，越能使得這一迴路更加緊密。這就是寶寶育腦法的基本。

給予大量刺激可以不斷增加突觸

剛出生的小寶寶的大腦皮質內，神經細胞的數量幾乎與大人相同，不過因為大腦沒有工作，所以幾乎沒有突觸。但是一旦大腦開始工作，就會產生突觸。

突觸在出生後即可開始急劇增加，雖然有個體差異，但基本上3～4歲左右會達到巔峰。因此，應在這個時期給予寶寶大量刺激，促進大腦發展。（參閱13頁表1）

另一方面，未能形成突觸的神經細胞會被認為是不需要的，而逐漸凋亡（這被稱為「突觸修剪」(synaptic pruning) 現象）。

大腦工作後，突觸會繼續增加，神經迴路會變得複雜，從而可以發揮各種功能。因此，給予刺激增加突觸數量是很重要的。在不同的月齡，大腦的發達部位有所不同。為了至少在0～3、4歲鍛鍊所有的大腦區域，給予刺激是非常有必要的。

突觸增加、迴路更加緊密，透過神經細胞將資訊傳遞至各個區域，各個區域進行工作，這就是所謂大腦的發達。

大腦皮質的厚度增加，大腦會更發達，據說人類的大腦皮質厚度直到60歲還在持續增加。人類在任何時候都可以透過給予各式刺激鍛鍊前額葉皮質。（參閱13頁表2）

圖3 神經細胞（神經元）

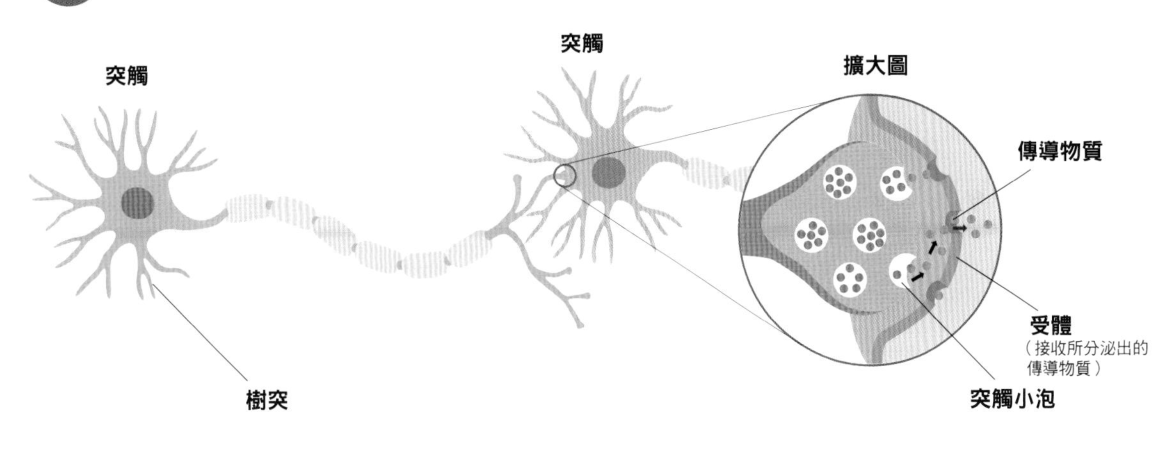

表1 年齡與突觸增加方式之關係
（1979，Huttenlocher）

表2 年齡與大腦重量的增加方式
（1979，Huttenlocher）

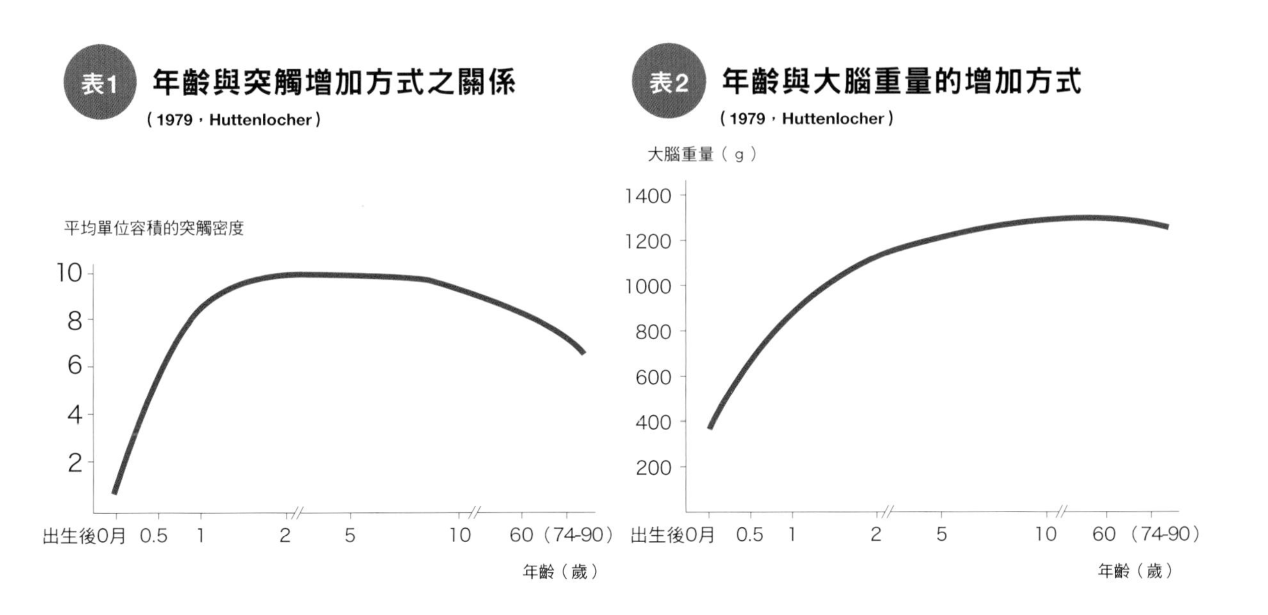

有效鍛鍊寶寶大腦的2大系統

關於何時、以何種刺激來鍛鍊寶寶大腦的具體方法，請參閱20頁之後的課程講解。現在先來記住實際實行這些方法時特別需要注意的兩個Point吧。

1 鍛鍊工作記憶（working memory， WM）系統

所謂工作記憶系統與通常的記憶不同，是一種較短時間範圍的**短期記憶**形式，暫時記住，記完後可以遺忘，在行為結束後就不需要這些記憶了。我於1973年發現工作記憶系統是透過前額葉皮質進行保持的。而在1998年透過人體試驗得到了證實。

工作記憶系統存在於所有前額葉皮質功能中最基礎的部分。前額葉皮質在進行思考時，思考出的東西直接保存在前額葉皮質中。這就是工作記憶。在思考要進行何種運動、何種行動後，在還未運動或行動前，是作為工作記憶保存在前額葉皮質中，等到運動或行動結束後，就不需要該記憶了，因此就會遺忘。去購物時能夠買回需要的東西、與人聊天時能夠持續進行對話，都是因為大腦將要買什麼東西、對方說了什麼記憶在工作記憶系統內。

越使用與鍛鍊工作記憶， 大腦越能受到刺激、 越發達

例如寶寶的記憶時間，3、4個月大的寶寶為3～4秒，10個月大的寶寶平均10秒。從較早時期開始鍛鍊的話，能夠延長工作記憶的時間（10個月大的寶寶能夠達到20秒左右）。

「不見了、不見了、哇！」是能夠幫助提高工作記憶的遊戲。

一邊說「不見了、不見了」一邊用毛巾遮住寶寶的臉，然後再「哇！」拿開毛巾，讓寶寶看到媽媽的臉。第1次寶寶會因為看見媽媽的臉而開心不已，不過從第2次開始會因為看見已經記住的媽媽的臉而欣喜。這就是工作記憶系統。

不管到了幾歲， 都可透過進行複雜行為鍛鍊大腦

即便寶寶長大一些後，也可透過更高難度的「不見了、不見了、哇！」遊戲來鍛鍊工作記憶系統。

同樣的，用布或其他東西將玩具隱藏起來，讓寶寶找出來的遊戲也可以鍛鍊大腦。

在前額葉皮質中，第10區（額極區）會在進行複雜的事情（比如同時進行兩個行為）時發揮作用。比如，大人在做菜的時候需要同時進行很多動作，這時就可以大幅使用第10區。這個訓練法也可以在上了年紀之後用來鍛鍊腦力。

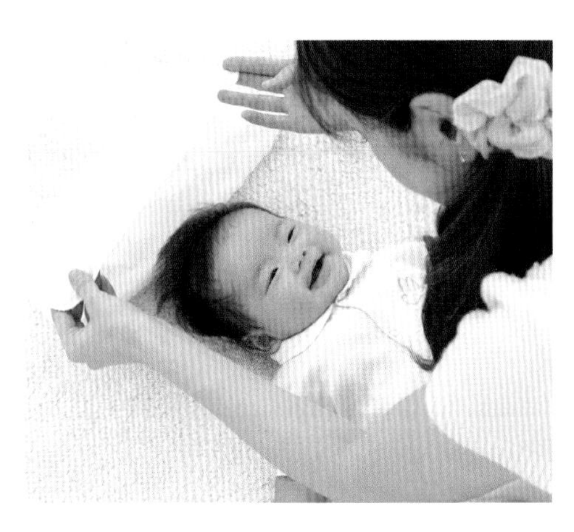

2 有效利用多巴胺神經系統

在鍛鍊寶寶前額葉皮質方面，讓**多巴胺神經系統**發揮作用，可帶來與工作記憶系統一樣的效果。多巴胺對額葉與海馬迴（與保持短期記憶的工作記憶系統相對，與長期記憶相關的是海馬迴）的功能發揮著重要作用。

多巴胺又被稱為「腦內麻藥」，當多巴胺開始分泌後，主管思考的前額葉皮質及幫助記憶的海馬迴，還有運動聯合區的功能都能變得更好。利用這一點，更易進行訓練腦力的課程，而且效果也更好。

多巴胺是由腹側被蓋區分泌的，該區一直以來都被認為是「讓人幹勁十足的區域」，最近也有研究表明，這是一個「讓人心情愉悅的區域」。即便是大人，在吃到好吃的東西時、被稱讚時、看見戀人的照片時、看到巧克力等喜歡的東西時……只要遇到能夠讓人愉悅的刺激時，該區就會大量分泌多巴胺。

「心情愉悅」+「幹勁十足」，可以讓人在做事時發揮加倍效果。在進行鍛鍊寶寶腦力的課程時，一定要記得時不時誇獎寶寶，讓寶寶心情愉悅。

此方法不僅對寶寶有用，對整個育兒期間都十分有效。即便孩子長大了也要有效利用這種「心情愉悅」+「幹勁十足」的方法喔！

1. 寶寶完成了某個事情時誇獎

寶寶被誇獎後會很開心，心情愉悅，會更加有幹勁。即便做得不好，也要先誇獎寶寶，這樣寶寶下次也才會想要嘗試。

一直被責備的孩子會沒有自信，而被誇獎長大的孩子挑戰精神更旺盛。

2. 頻繁對寶寶進行撫摸、擁抱等肌膚接觸

被最愛的媽媽抱緊緊的話，寶寶會很安心，心情會很好，會促進多巴胺的分泌。這樣就會很充滿幹勁。從育兒方面來看，讓孩子感受到暖暖的愛意，可養育出心靈安寧的孩子。

3. 讓寶寶吃美味的食物

「吃美味的食物」對大腦是最棒的。「讓人心情愉悅的區域」—— 腹側被蓋區會被刺激而分泌出多巴胺。如果此時媽媽一邊說「好好吃啊」一邊和寶寶一起吃的話，會更有效果喔！

圖4 多巴胺分泌迴路

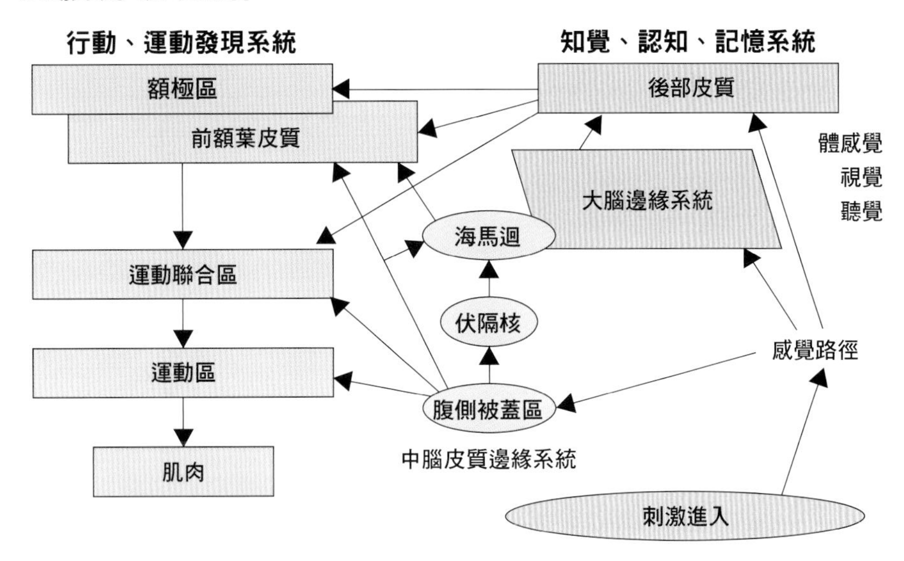

圖5 讓大腦功能發揮威力的多巴胺

前頭帶狀皮質（32、24區）

粉色部分即為多巴胺作用部位

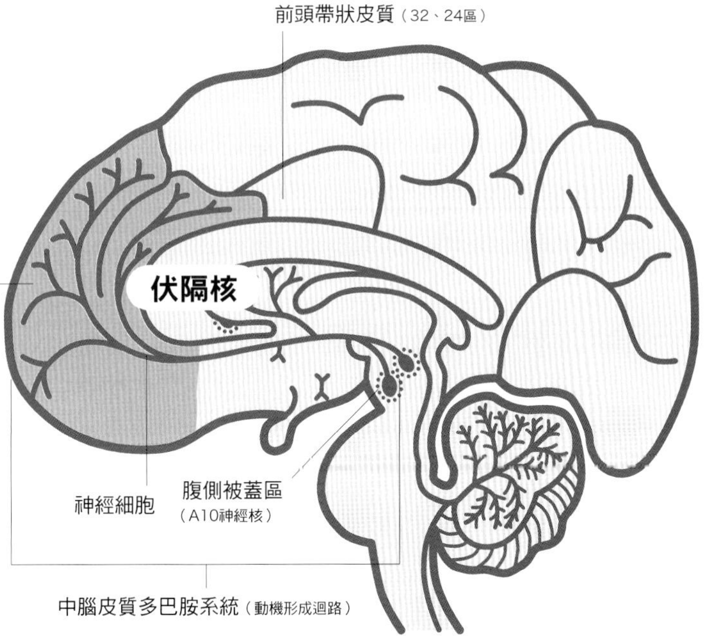

額葉

前額葉皮質

伏隔核

神經細胞

腹側被蓋區
（A10神經核）

中腦皮質多巴胺系統（動機形成迴路）

讓額葉與海馬迴工作的系統
腹側被蓋區的神經細胞開始工作後，
即分泌多巴胺，
提高額葉與海馬迴工作效率。

運動區：能更快速運動
運動前區：讓手指更靈巧
前額葉皮質：工作記憶、思考力、注意力、推理力、決斷力、計劃性
額極區：認知分歧課題（CognitiveBranching、套匣課題）、回想記憶、創造性
海馬迴：增強長期記憶

培育寶寶腦力的 8 大重點

從出生時起寶寶的大腦就在飛速成長。但是不同部位成長的時期與成長速度皆不同。因此，為了培養寶寶腦力，需要事先知道何時、如何給予何種刺激。

1 配合寶寶成長，在恰當時期給予適當刺激

寶寶存在個體差異。因此要觀察寶寶是否脖子挺立、會坐等具體成長情況，在恰當的時期給予適合的刺激。

課程中標示的月齡僅供參考。因此即便寶寶在這個時期還做不到也無需著急。不要在意早晚，重要的是要讓寶寶牢牢掌握好基本的東西。

2 不斷反覆給予同種刺激，強化神經迴路

大腦神經迴路的特性是，在其形成後，若長時間未使用，則最終還是會消失。

重要的是一天做好幾次同一動作、昨天做過的今天也還可以繼續試試。越使用神經迴路越結實。

3 掌握基本事項比快速做到更重要

有的人可能覺得即便寶寶不會爬，但只要較早會走路也沒關係。這就大錯特錯了。特別是運動方面，最好讓寶寶每個階段都經歷，讓寶寶坐得好、爬得好。為什麼說這很重要呢？因為這與寶寶長成正常的肌肉、骨頭與關節息息相關。

甚至這還與智商相關。先讓寶寶學會某件事，再挑戰更難一些的事情，讓寶寶理解後再行動是非常重要的。這是為了讓前額葉皮質工作起來，如果一來就讓寶寶做一些無法理解的困難事情，寶寶也沒辦法掌握。

4 均衡鍛鍊大腦的各個區域

課程分為「手」「運動」「感覺」「社會性」「智力」共五部分。想在嬰兒時期就讓寶寶所有領域都發達，因此就要毫無遺漏地鍛鍊各個區域。

5 即便從半途開始也有效

雖然課程越早開始越好，不過從半途開始也還是有效果的。人類的大腦會持續發展直至20歲左右。甚至只要人活著，只要一直在進行資訊傳遞，那麼就可能產生新的迴路。但是只有在0～4歲左右才會以驚人的速度發展，因此可以說越早開始效果越顯著。

6 如果寶寶不喜歡，請不要勉強他

如果寶寶不喜歡，那麼即便勉強寶寶做完課程，大腦也不會獲得發展。寶寶厭煩時就先暫時休息，過段時間再嘗試看看吧！

7 如果寶寶做得很好，一定要稱讚

如果寶寶努力做到很好的話，一定要說「哇，寶寶做得很好」「完成得很棒喔」等對寶寶進行稱讚。因為寶寶被稱讚後會很愉快，大腦就會分泌多巴胺，產生下次要做更好的慾望。可以說媽媽擅長稱讚，是寶寶頭腦發達的秘訣。

8 說完「不行」後，要接受寶寶的撒嬌，給予安全感

如果寶寶將不能吃的東西放在嘴巴或靠近危險處時，可以跟寶寶說「不行」，讓寶寶知道那是不可以做的事情。

但是，在說完「不行」後，要抱抱寶寶，讓寶寶撒嬌，給予寶寶能夠信賴媽媽的安全感。

跟寶寶進行各種活動的時候，親子間的信賴關係相當重要。

育腦實踐篇

依據大腦發展規律，
在恰當的時期進行最好的訓練課程，
培養寶寶腦力。

寶寶無法自己提高腦力。

想要養育出聰明寶寶，從寶寶出生那天開始

父母就必須對寶寶進行大腦訓練。

為了培育出優秀的頭腦，在0～2歲期間的各個時期，應該做些什麼呢？

將分為手、運動、感覺、社會性、智力等五個部分進行介紹。

※哪個月齡應該做什麼？ 此處介紹的月齡僅供參考。 每個寶寶的成長有所不同。 不要勉強寶寶， 配合脖子挺立、會爬、扶著走、走路等寶寶的成長階段進行練習。

課程 0 個月～2 個月左右

反射期

這是寶寶與生俱來的生理反射動作
會漸漸變成有意識的反應動作的時期。
神經迴路不斷進行連結。

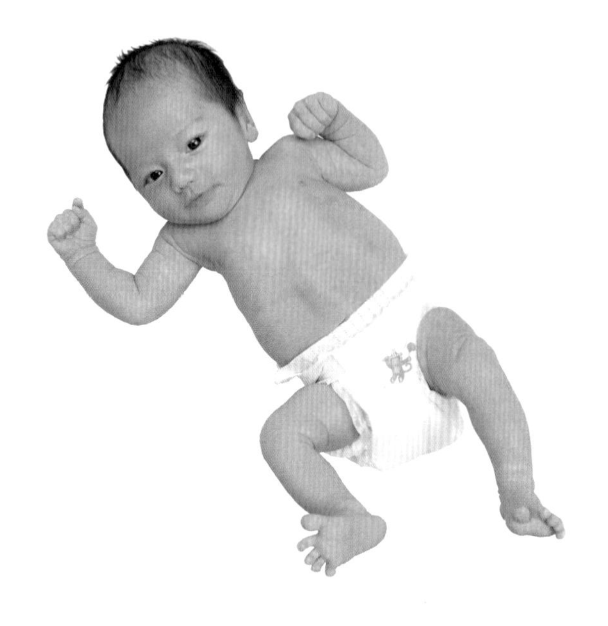

此時期的重點

* 讓寶寶有充足的睡眠。
* 重複跟寶寶講話。
* 讓寶寶習慣生活中的聲音。
* 充分進行肌膚接觸。

此時期的寶寶，與其說是自己與外界聯繫，不如說他們是在以與生俱來的「反射」應對外界。

凡是放到嘴邊的東西都會吸吮的**「吸吮反射」**。有東西放在手心時，會在皮膚刺激作用下握住的**「抓握反射」**。腳心也有**「抓握反射」**。

輕輕向著寶寶的眼瞼吹一口氣寶寶會閉上眼睛的**「眨眼反射（blinking reflex）」**。抓緊或拉伸腳掌或大拇指時寶寶的膝蓋會彎曲、腳會收縮的**「屈曲反射」**。還有改變頭部位置的話，為了保持姿勢平衡寶寶會動作眼睛、脖頸、手及腳的**「迷宮正姿反射」**。

這些都不是寶寶自我意識下產生的行為，全是寶寶與生俱來的反射。

此時期要不斷刺激促進這種反射的產生。透過多次刺激，加強反射，最後達到即便不給予刺激寶寶也能自己動作。例如之前寶寶需要被觸碰嘴唇才會吸吮，而不斷刺激後寶寶最終能夠自己主動尋找媽媽的乳房。這就是「反應」。

寶寶對刺激有所反應，一點一點學習，然後在大腦中連結成神經迴路。反射轉變成反應後，大腦的前額葉皮質會漸漸發達。此時期如果出現「反應」那麼大腦就會發達，因此媽媽應該積極給予寶寶刺激，有效激發出寶寶的反應。

使用抓握反射 讓寶寶的五個手指 緊握住媽媽的小指

在此我們將鍛鍊「**抓握反射**」這一寶寶與生俱來的能力。寶寶的手被觸碰後形成的刺激傳達至大腦，大腦會下達「工作」命令，肌肉收縮即可產生該反射。寶寶出生兩個月後，會產生抑制這種多餘運動的功能，使得該反射逐漸消失，因此要趁反射還殘留時多多讓寶寶記住抓握的感覺。

讓寶寶握住媽媽的小指，然後稍微抽離，讓寶寶練習牢牢抓握不放手。左手與右手同樣進行。

建議 大拇指在外握住的情況稱為強力抓握（power grip）。在正確握筷子或鉛筆、爬竿、拿重物等時候也是最基本的抓握方法，因此在一開始就讓寶寶掌握這種握法吧！用五個手指握住可以使得大腦的運動區得到鍛鍊，手及手指的運動技能也可獲得發展。

不僅可以讓寶寶抓握媽媽的手指，也可以使用符合寶寶手掌尺寸的棒或簽字筆等進行雙手抓握練習。

Point

讓寶寶在抓握時大拇指在外（大拇指在內的話不易出力）。這種抓握方法等寶寶長大後也可以使用，是基本的握法。

運動及行動
由前額葉皮質決定

最近的腦科學研究證實，運動及行動都是由前額葉皮質開始的。動還是不動、要做出何種動作、何時行動等一系列決定都是來自於前額葉皮質。

我一直在強調，真正的頭腦聰明是在遇到某個問題的時候，能夠看清這個問題的本質，探索解決方法並瞬間行動。而擔負這一重任的是前額葉皮質，這一事實已經獲得確認。

剛剛出生的寶寶會抓住媽媽的手指（抓握反射）、會吸ㄋㄟㄋㄟ（吸吮反射）是因為與生俱來的「反射」動作，而不是自我意識下進行的「反應」（自主運動）。但是，反射動作變成反應動作的話（參閱23頁），寶寶就會在自我意識下握住東西，或是自己尋找ㄋㄟㄋㄟ吸吮。

這全部是在前額葉皮質的工作記憶系統（短期記憶）的作用下，將要以何種方式用出多大力氣、ㄋㄟㄋㄟ在何方等資訊保存在工作記憶系統內。從反射轉變為反應這一改變，能夠使得工作記憶系統更活躍，前額葉皮質產生作用並慢慢擴大。

本書的課程中，也對出生不久的寶寶使用「迷宮正姿反射」教會孩子伸直雙腳，從這裡透過訓練擴大前額葉皮質的課題已經開始。在0歲期間，重要的是母乳餵養、抓握、還有經常讓寶寶爬行、翻身。有意識地做到以上這些，反射就能順利轉變成反應，從而使得前額葉皮質逐漸成長。

講師培訓講座
選自久保田競教授之演講

講師培訓講座每年舉行，在全日本開展久保田育兒法的教室的講師們齊聚一堂，聽久保田競教授為他們講解腦科學最新資訊。在該演講會（2016年1月）上介紹最新報告。

運動

俯臥可以讓寶寶的脖子提早挺立，鍛鍊腹肌、背肌

如果將躺著的寶寶的頭部改變位置，他的眼睛、脖頸、手腳會跟著動作。如果將他的頭向右邊，則他會伸直右手與右腳，而彎曲左手與左腳。如果進一步讓其俯臥的話，他則會伸直手腳。這些動作被稱作「**迷宮正姿反射**」，控制這部分功能的是三半規管。俯臥練習能夠促進該反射，因此可以讓寶寶的脖子提早挺立。

注意 **俯臥時應注意以下幾點：**
- **在硬床上！**
- **臉必須向側面！**
- **一定要有大人在身邊。**

讓寶寶俯臥，輕輕拍打、撫摸脖頸至後背，和寶寶說話，讓寶寶想要抬起頭來。

你會發現寶寶慢慢在保持俯臥姿勢的同時抬起了頭，伸直了背部。視線也會朝向頭抬起的方向。最初寶寶可能會依舊縮成一團，但是慢慢習慣後就會開始脖子挺立了。從寶寶剛剛出生起每天試著做2～3次吧！

從反射轉變為反應的尿布操❶

小寶寶一天要換好幾次尿布，這套尿布操就是利用這個時間讓寶寶記住身體的動作方式。配合寶寶月齡，尿布操有❶～❸套。其中❶可以讓寶寶換尿布時心情愉快，還可以讓寶寶知道自己的身體是可以按照自己的意願動作的。

注意　**做操過程中一定要看著寶寶眼睛！**

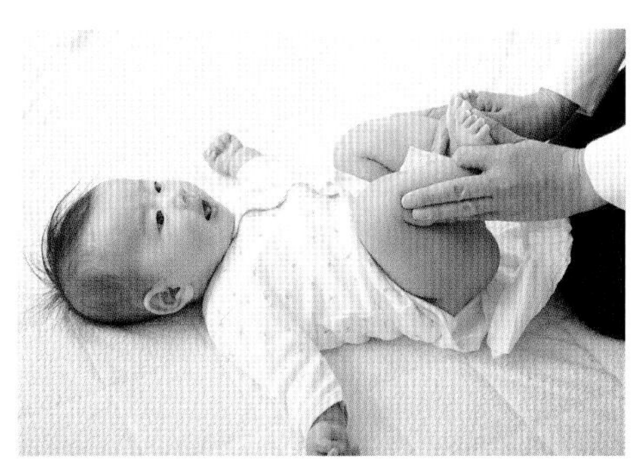

一開始的時候要跟寶寶說：「寶貝，我們來做尿布操吧！」

1 兩腳蹬蹬

將尿布解開後，首先將寶寶的雙腿合在一起，彎曲膝蓋，媽媽用手輕輕按壓寶寶的腳掌。重點在於對於媽媽的按壓寶寶會慢慢踢回來。

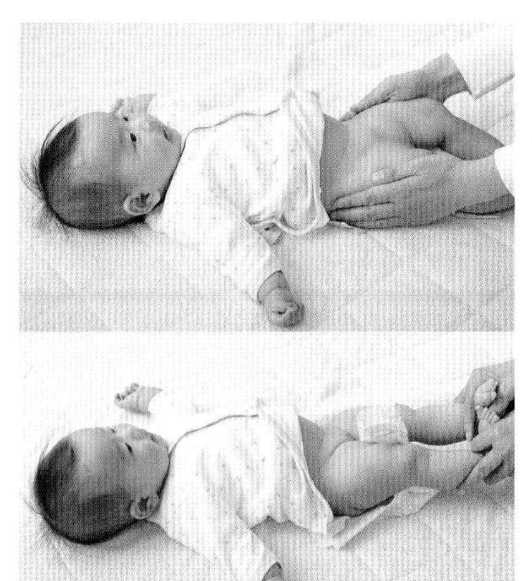

2 放鬆一下

接著一邊跟寶寶說：「寶貝，我們來放鬆一下吧！」，一邊從寶寶的肩膀揉搓至腰部、指尖。然後一邊說：「舒服吧？」一邊輕柔按摩至每一根腳趾頭。

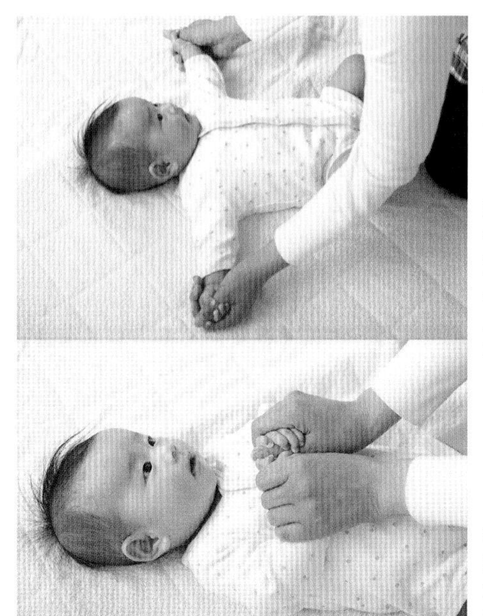

3 雙手伸展

讓寶寶握住媽媽的手指，媽媽握住寶寶的手腕中央，接著從中間向兩邊伸展。此時跟寶寶說：「手打開」。接著再次回到中間說：「手向前」。以此要領，慢慢地按照上方、前方、下方、前方、兩邊、前方的順序伸展雙手。別忘了跟寶寶說：「手向上」、「手向前」「手向下」喔！

按照1～3的順序，第1天1次，第2天2次，第3天3次，之後每次換尿布的時候都做3次尿布操。

感覺

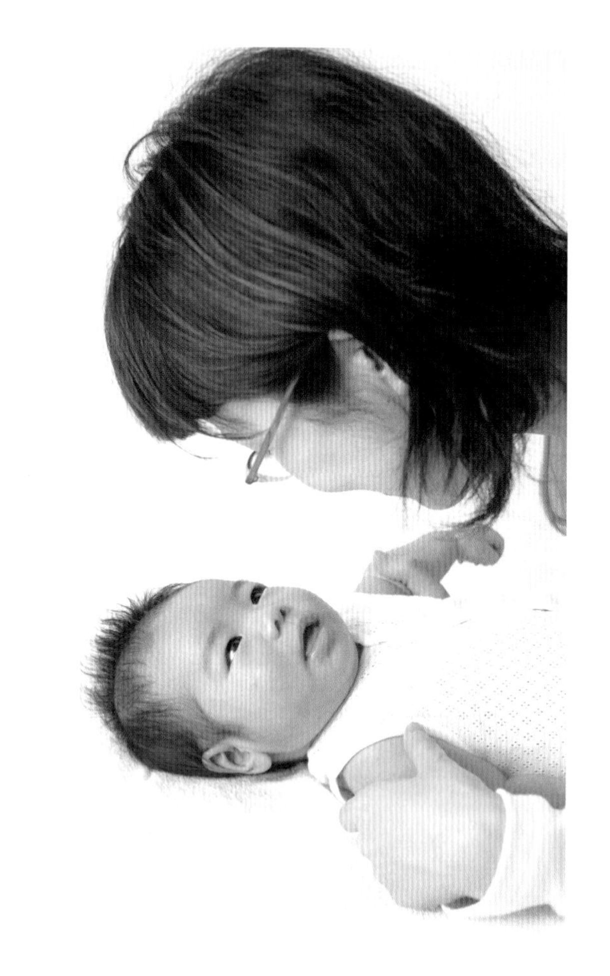

與媽媽對視吧
最初給予剛出生的寶寶的刺激是視覺

最近的研究表明，剛剛出生的寶寶也是可以模糊看見東西的。但是視野還非常狹窄，只能看見進入視野中的東西。因此媽媽可以一邊和寶寶講話一邊讓寶寶看見自己的臉龐，與寶寶對視，試著讓寶寶對妳感興趣吧。這也可以作為「注視」訓練。

這樣做可以讓資訊進入眼睛，讓寶寶可以正確認知事物。這對寶寶脖子提早挺立也十分有用。

請媽媽將臉貼近寶寶，與寶寶四目相對，呼喚他的名字，跟他打招呼：「寶貝午安」。如果媽媽的臉部動作映照在寶寶瞳孔中則表示非常成功了。媽媽的動作可以訓練寶寶的眼部肌肉，讓寶寶學習定點注視（聚焦）。一點點延長寶寶定點注視的時間吧！這是擴展寶寶視覺世界的第一步。

注視・追視

透過讓目標物進入眼睛正中心，可成為視物的基礎，開始瞭解物品的形狀與顏色等。讓目標物進入眼睛正中心，以雙眼注視，能夠形成立體視覺，從而能夠以眼睛追視目標物。擴大視野，對脖子挺立也有所幫助。

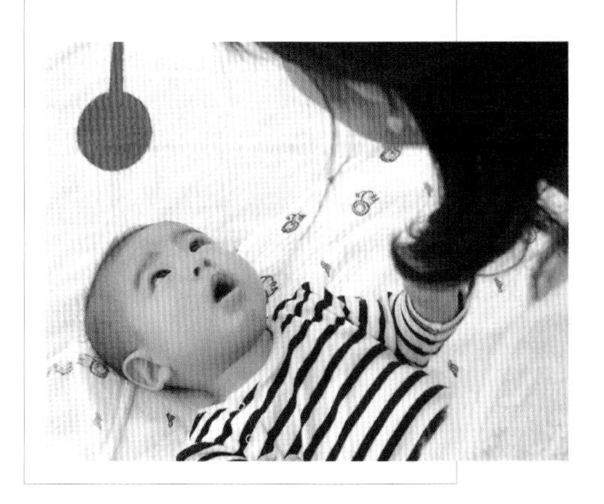

建議 若看不見瞳孔的光輝，則表示寶寶沒看見。媽媽可以停止動作。

注意 **目的是讓寶寶將焦點放在一個地方。為了吸引寶寶興趣，可以一邊跟寶寶講話或撫摸寶寶。**

Point 重要的是要每天進行，可以在換尿布等時候進行。

讓寶寶聽周圍的聲音、接觸各種物品

該時期的寶寶全身都像天線一般。透過吸收周圍傳來的各式聲音資訊，大腦神經細胞的迴路不斷增加。不要讓寶寶總是睡在安靜的房間，可以讓寶寶多聽聽各式聲音，多接觸各式物品。

最初寶寶也可能會嚇一跳而毫無反應。但是昨天嚇一跳的聲音今天稍微降低音量的話，寶寶會變得沒有那麼害怕。

此外在感覺區中，在該時期完成迴路的是接受皮膚資訊的皮膚感覺區。為了幫助皮膚感覺區發展，讓寶寶多接觸各式感覺吧，比如人臉、玩具、毛巾、溫暖的東西、冷的東西等。

在寶寶周圍讓會發出聲音的玩具或樂器等發出聲音，讓寶寶習慣各式聲音。

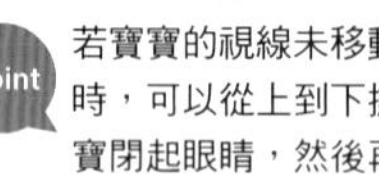

若寶寶的視線未移動到發出聲音的方向時，可以從上到下撫摸寶寶鼻根，讓寶寶閉起眼睛，然後再次開始。

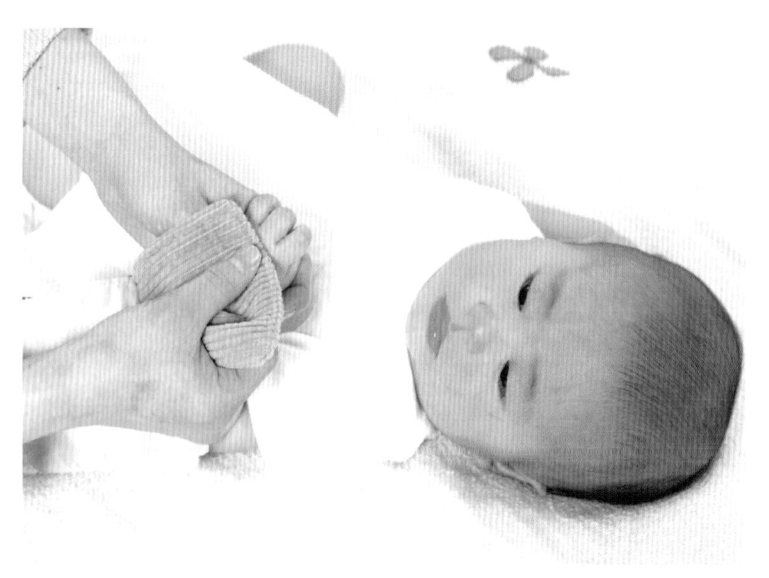

硬的、軟的、溫暖的、冰涼的等，讓寶寶多多體驗各式感覺，可以促進皮膚感覺（觸覺）發展。皮膚感覺會更敏銳，能夠更多認識外界。

注意 **大人一定要一邊和寶寶說話！**

社會性

抱起寶寶時是和寶寶說話的絕佳機會。不要認為寶寶還無法明白話語的意思就沉默不語，要積極和寶寶說話喔！

為了培養寶寶的「理解力」，跟寶寶大量說話吧！

換尿布或餵奶時、洗澡時，媽媽都應儘可能和寶寶多多說話。特別是要不斷重複表示舒服開心的句子，諸如「換好尿布好舒服吧」「ㄋㄟㄋㄟ很好喝吧」等。

當然這個時候寶寶還無法理解語言的意思。但是寶寶的大腦可以很好理解媽媽說話時的語調、表情是何意思，因此寶寶的表情會漸漸變得豐富。

一邊和寶寶說話，一邊笑著將臉靠近寶寶。這樣的話寶寶也會慢慢被吸引，對媽媽露出微笑。

注意 **要為寶寶做某件事的時候，可以跟寶寶說「要喝ㄋㄟㄋㄟ了喔」這樣跟寶寶說話，作為向寶寶發出的信號喔！**

建議  和寶寶說話時不要用童言童語，而是使用「轎車」「小狗」「洗澡」等正確發音的單字。

Point 和寶寶說話時要不斷重複愉快的話語。

課程 2個月～4個月左右

脖子挺立期

這是大腦神經細胞非常發達，
開始產生出積極探索心的時期。
使用玩具或聲音吸引寶寶興趣吧！

此時期的重點

＊ 給予新的刺激滿足寶寶好奇心。

＊ 重複給予刺激，寶寶有所反應時要誇獎。

＊ 趴臥，教會寶寶筋肉的緊張與弛緩。

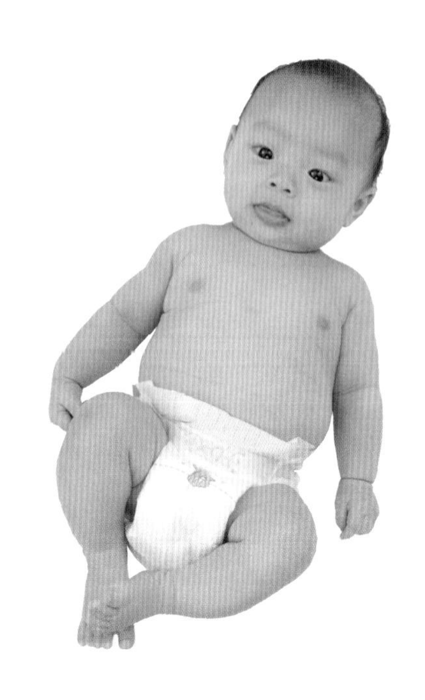

寶寶的意識與心智逐漸發達，大腦神經細胞的發達速度也急速增加。已經沒有反射期時的脆弱狀，會環視周圍、對聲音有所反應，還產生了想要伸手抓東西的積極探索心態。因為之前一直在鍛鍊前額葉皮質。

寶寶想要伸手抓東西是非常重要的事情，此時大腦的活動如下：

首先，將眼睛看到的目標物資訊傳送至視覺區，接著該資訊被傳送至頭頂聯合區，在這個區域掌握目標物的位置。然後將該位置傳送至手。手不論在握東西時還是放開東西時都會工作，手決定好運動的順序後，將順序傳遞至運動區。如此該指示最後傳送至運動區，使得寶寶做出伸手的動作。這一連串的動作被稱為手部**「視覺接近運動」**，是手部動作的基礎。

因此寶寶對感興趣的東西伸出手，是非常有意義的一件事情。讓寶寶看到玩具並靈活引導，讓寶寶可以自己主動伸出手觸碰。

這個時期寶寶也會對聲音有所反應，想要將臉轉向發出聲音的方向確認。當媽媽和寶寶說話並接近寶寶時，寶寶可以依據臉和聲音知道是媽媽來了。如此，寶寶漸漸地能夠組合多種感覺了。

手

為了向大腦傳送大量資訊，可以讓寶寶觸碰材質、形狀不同的各式物品

手是對瞭解事物起到非常重要作用的資訊收集器。寶寶會將用眼睛看、用手觸碰獲得的資訊傳送至大腦。然後大腦會依據這些資訊判斷那是何物並且判斷接下來要採取何種行動。如此不斷積累經驗，寶寶對外界的知識也會不斷增加。

因此建議你讓寶寶用手觸摸各式手感各異的物品，以便可以傳送儘可能多的資訊至大腦，讓大腦活躍運作。

建議　寶寶拿不穩的時候可以先幫助寶寶拿好，然後媽媽從旁協助。

讓寶寶觸碰或抓握材質各異的物品，比如木棉布、針織物品、毛線球、毛巾、絲緞、鈕扣、不用的鑰匙、內容物不同的布包、橡膠或毛巾製成的大小各異的球、海綿、簽字筆等身邊的生活用品及玩具。

注意
- **選擇寶寶剛好能握住的合適大小！**
- **讓寶寶左右兩手平均使用。**
- **鈕扣等可能會誤食的東西，請縫在布上再給寶寶觸摸。**

海綿等物品也請固定在床邊的柵欄上吧！

自己主動向玩具伸出手

為了讓寶寶按照自己的意願運用雙手，第一步首先是手向前伸出。試著使用寶寶感興趣的玩具誘導寶寶做出該動作吧！

其實這個動作並非只是手部的運動，需要先用目光鎖定玩具，感興趣後再伸出手，是一個高難度動作。

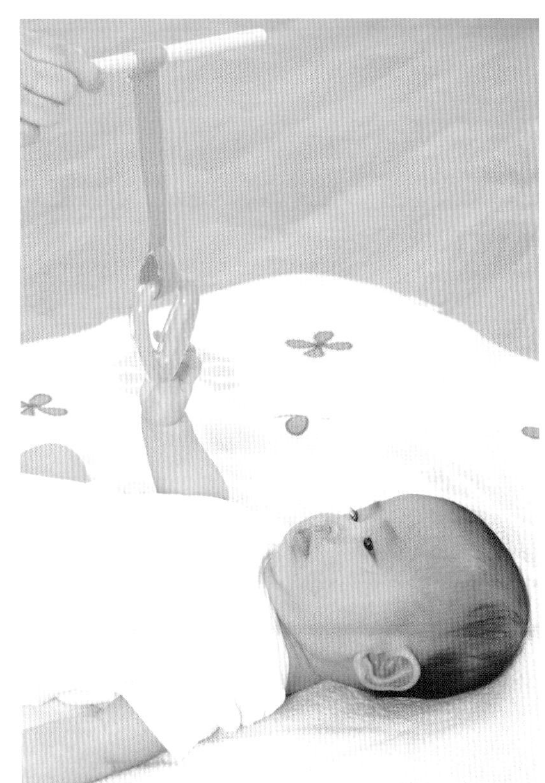

抱著寶寶、讓寶寶仰面躺或俯臥，在寶寶眼前使用顏色鮮艷的玩具等吸引寶寶興趣，然後放下玩具，讓寶寶伸手去抓。

最初時最好讓寶寶事先仔細看看玩具。

建議① 如果寶寶不感興趣，那麼建議改成有聲音的玩具。

讓寶寶左右手都使用到

寶寶也有經常使用的手與不經常使用的手之分。不過如果由此就判定是左撇子還是右撇子還為時過早。這個時期還未形成固定的用手習慣，因此請讓寶寶左右手都能夠用的很好。

能夠良好協調使用雙手，可鍛鍊平衡感，促進大腦發育。

將玩具放在寶寶正前方，方便寶寶可以自由伸出左手或右手。如果媽媽是右撇子，那麼請儘量注意不要只是拿寶寶左手邊的玩具。此外，也可以使用棒子或布製玩偶等練習同時使用左右手。

運動

從俯臥到挺身

這個時期的寶寶脖頸已經變得很結實了，腹肌與背肌也逐漸發達，因此可以試著進行俯臥，練習讓寶寶將背部挺起來吧！這時期多趴一趴，也可為爬行期打下基礎。

讓寶寶趴著，一邊跟寶寶講話一邊搓揉寶寶蜷縮的背部，寶寶彎曲膝蓋、抬起腳腕時，將那隻腳慢慢放到地板上，然後輕輕壓住，這樣寶寶的背部肌肉會更強壯。由此可以教會孩子肌肉的緊張與弛緩。

這個運動的正確姿勢是將手放在前方，讓寶寶做出類似掛單槓的姿勢。

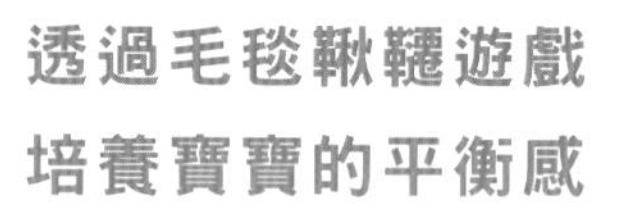

透過毛毯鞦韆遊戲培養寶寶的平衡感

寶寶的頭部位置改變的話，身體會反射性地改變姿勢。這就是「迷宮正姿反射」，而毛毯鞦韆遊戲可以加強這種迷宮正姿反射。同時也可以讓寶寶記住身體搖晃過程中的愉快感覺。之後伴隨寶寶發展程度會多次出現的「舉高高」這個遊戲的作用也和毛毯鞦韆相同。

讓寶寶躺在毛毯或床單上，由大人抓住兩端，輕輕搖晃。針對外界的動作，寶寶會自己改變頭部位置，想要努力保持姿勢平衡，這個過程可以培養寶寶的平衡感。

建議 如果只有一個大人的話，可以抱著寶寶唱歌輕輕搖晃。

注意

- **一定要等寶寶會脖子挺立後！**
- **過程中要和寶寶對視！**
- **寶寶看著其他地方或者在發呆時就停止！**

如果可以早日坐立 也可培養專注力

如果寶寶能夠脖子挺立、看東西時能夠左右轉動臉部、也能夠伸手拿取眼前的玩具的話，就隨時可以開始進行坐立練習。

這是為了讓寶寶筆直伸展背部肌肉，讓其可支撐頭部而進行的練習。如果寶寶可以早日坐立，持續玩耍的時間也會增長，也可培養專注力。

讓寶寶的背部彎曲，一開始寶寶還無法坐直的時候，可以讓寶寶坐在媽媽的膝蓋上，由媽媽支撐寶寶的背部。另一個大人輕輕揮動會發出嘩啦嘩啦等聲音的玩具，讓寶寶用眼睛追視玩具，或用手拿著玩具玩。

注意 **不要抱著寶寶肚子，而是用手支撐腋下及肋骨！**

在膝蓋上進行站立練習

脖子挺立後，希望在進行坐立練習的同時也進行站立練習。

讓寶寶面向前由媽媽支撐住站立在媽媽的膝蓋上。等寶寶站得很好後，將支撐的雙手慢慢由胸前下移到大腿、膝蓋。

感覺

擴大追視幅度
幫助脖子早日挺立

寶寶會對移動的東西感興趣。這個時期寶寶的脖子逐漸挺立，可以左右轉動脖子，用眼睛追尋更廣範圍內的東西，因此追視的幅度也會擴大。

該能力在擴展視野的同時，也會轉動頭部，因此也可幫助脖子早日挺立。

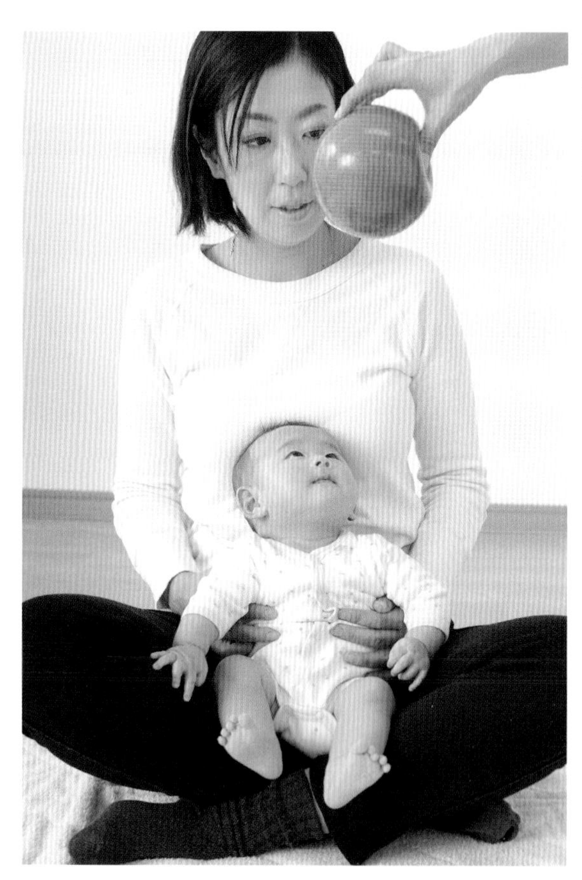

上下追視

在寶寶眼前放一個氣球，慢慢往上移動，讓寶寶的視線跟著移動。

左右追視

一起握住寶寶的手和腳，和寶寶對視，同時慢慢向左邊傾斜身體，再慢慢向右邊傾斜身體，讓寶寶視線跟著移動。

此時期的寶寶多數會有輕微斜視傾向。為了修正這種情況，可以儘可能多向著寶寶斜視的相反方向傾斜身體。

讓寶寶把各式物品放入嘴中培養感覺區

此時期的寶寶不管手裡拿到什麼都會放入嘴中。這是因為寶寶在使用發達程度僅次於手的舌頭與嘴唇確認這些物品到底是什麼。

給寶寶的物品要確保安全，主要以手指和玩具等為主。這樣做可以幫助寶寶大腦的感覺區發育。

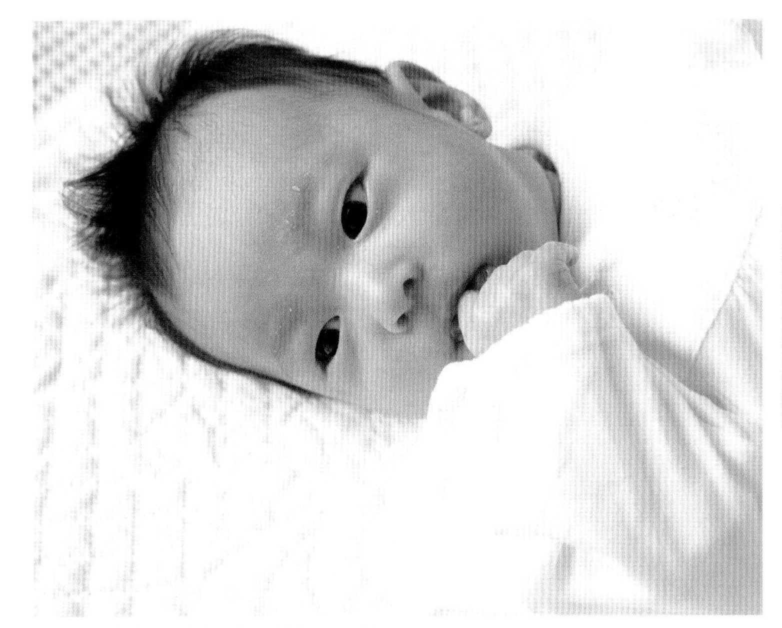

讓寶寶把身邊的各式物品放入嘴中吧！對寶寶來說手指也是物品之一。給寶寶的物品要仔細清洗乾淨，也不要給寶寶具有吞入危險的細小物品。

讓寶寶對聲音產生興趣

讓寶寶聽各種聲音，教會寶寶知道身邊存在各式各樣的聲音。反覆給寶寶聽各種聲音，可以增強大腦聽覺區的神經細胞之間的聯繫。

此外聲音與韻律和活動身體具有深刻關係，因此不要僅給寶寶聽玩具的聲音，也可以由媽媽給寶寶唱搖籃曲或者讓寶寶聽CD。

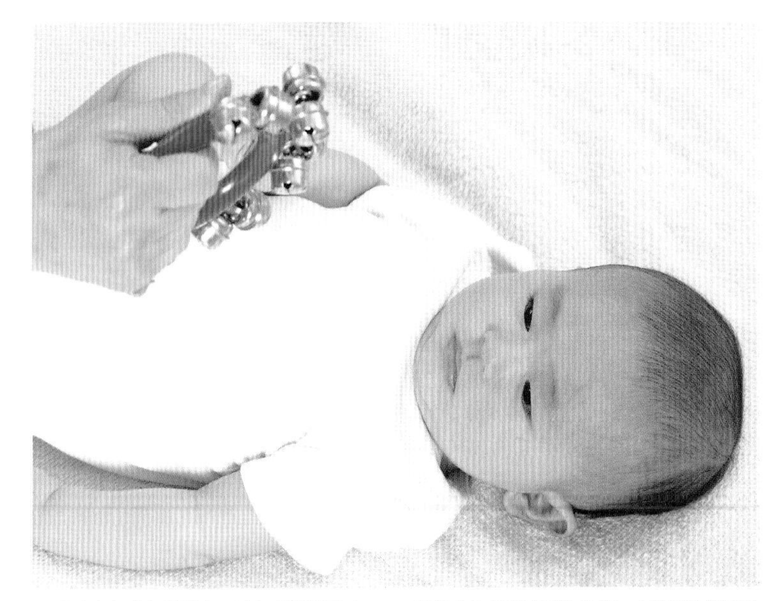

可以讓寶寶聽各種聲音，比如媽媽的聲音、會發聲的風鈴、音樂盒、CD、鈴鐺、電話鈴聲等，並讓寶寶知道聲音是從哪裡發出的。也可以讓寶寶實際觸摸這些物品。這樣寶寶就能夠從周圍的各式聲音當中慢慢增加自己記住的聲音種類。

建議 如果寶寶因為被第一次聽到的聲音嚇一跳或感到害怕時，媽媽可以輕柔握住寶寶的手，在寶寶耳邊說話。

智力

「不見了、不見了、哇！」遊戲可以鍛鍊工作記憶

這是很久前就有的遊戲，不是簡單地哄寶寶開心而已，還對促進寶寶的智力發育具有重要意義。

一邊用紗布蓋住寶寶的臉部，一邊說「不見了、不見了」，寶寶會很期待媽媽將紗布拿開，這樣就可刺激寶寶的工作記憶。這個練習也可以鍛鍊大腦中的前額葉皮質。

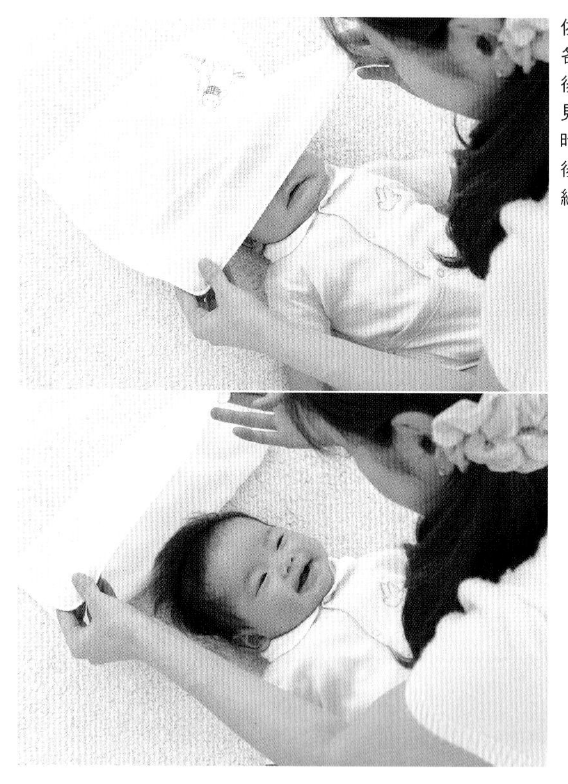

依據寶寶的發育程度有各種玩法。等寶寶習慣後，可以慢慢延長「不見了、不見了」的等待時間。等寶寶能夠等待後，就可以試著延長或縮短等待時間。

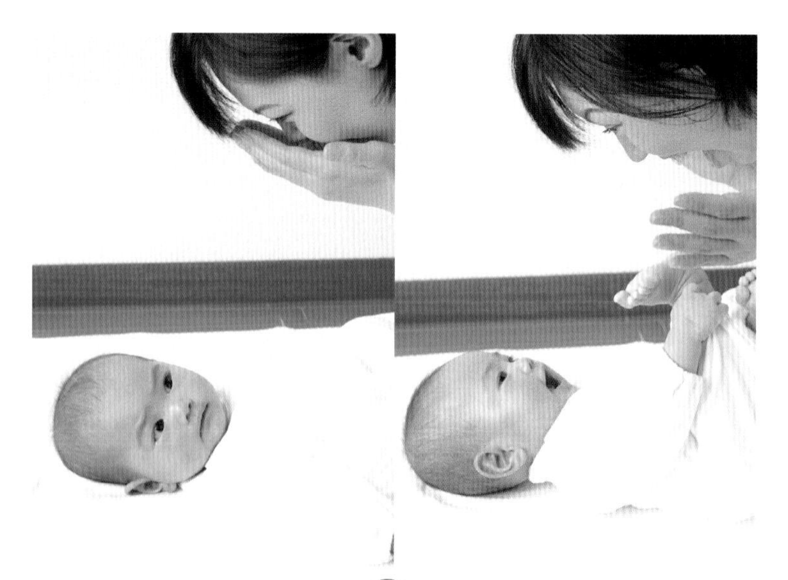

媽媽也可以遮住自己的臉跟寶寶玩「不見了、不見了，哇！」的遊戲。可以用手遮蓋，也可以用毛巾。「哇」露出臉時，也可以時而上、時而下、時而左、時而右地變化方向喔！

Point 「哇」露出臉時，要對寶寶笑喔。

注意
- **最初寶寶可能會被嚇哭。此時要馬上抱起寶寶安慰。**
- **如果寶寶哭了的話就改日再練習，千萬不要勉強！**

將寶寶帶到鏡子前，讓他集中注意力到前方，仔細觀察鏡子里映照出的自己。

建議 等習慣後，可以讓寶寶和其他寶寶一起並排照鏡子，幫助寶寶區別自己與他人。

讓寶寶照鏡子
促進「自我」意識萌發

不同的發展階段，讓寶寶照鏡子具有不同的意義。

在這個時期，照鏡子時寶寶還不能理解鏡子裡面映照出的是自己。但是，在反覆幾次後，寶寶漸漸會明白鏡了裡面的是自己，開始能夠區別自己和他人。這就是自我意識的覺醒。

課程 4個月～6個月左右

翻身期

這是寶寶的好奇心、
探索心越來越旺盛的時期。
可以多進行增強指尖感覺及預測能力的練習。
以看、聽、觸碰等
諸多感覺刺激大腦發育。

此時期的重點

* 同時鍛鍊各種感覺。
* 培養節奏感。
* 透過匍匐練習，為坐立和爬行做準備。

寶寶的好奇心和探索心越來越旺盛，會不斷地東張西望，觸碰眼睛所看到的東西，或是放入嘴中自己確認一下。請媽媽盡可能陪著寶寶增強旺盛的好奇心吧！

如果寶寶能夠做到用手抓握或放開東西後，這次來進行拉扯練習。如此慢慢讓寶寶學會高難度的手部動作。

進入4～6個月左右後，差不多可以開始進行節奏感訓練了。節奏感不僅可以在唱歌或演奏樂器時有所幫助，也可以成為身體動作時的基礎，希望寶寶可以牢牢掌握。

此外節奏感在說話時也大有幫助。說話時要開動腦筋，單字按照一定的間隔保持節奏從口中說出，這一基礎在這個時期已經開始。

不要勉強背部與手腕肌肉還未發育好的寶寶翻身。如果寶寶仰躺時，開始出現踢腳或扭腰動作的話，這就是寶寶努力想要翻身的證據。僅需稍微推著寶寶的背部幫助他翻身，寶寶很快就會學會翻身的。

等寶寶會翻身後，寶寶的運動量會增加很多。透過翻身動作，寶寶會逐漸學會頭部位置改變時，手腳要如何動作才能保持平衡。

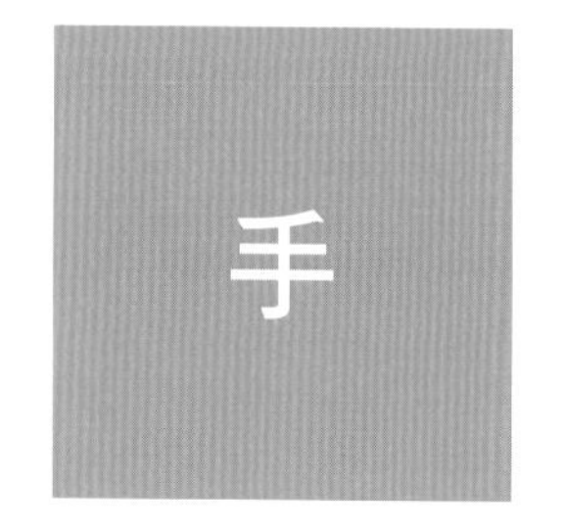

手

「拉扯」這一動作可以鍛鍊大腦的各個部位

寶寶開始對玩具感興趣，在會自己伸手抓取玩具後，接下來試著讓寶寶拉扯玩具吧！

認識到玩具的存在、掌握玩具位置、抓住玩具、再拉扯，這一連串的動作，能夠鍛鍊寶寶的大腦視覺區、頭頂聯合區、前額葉皮質及運動區。

讓寶寶坐著或趴著，在寶寶眼前垂下毛線球、吊環或垂吊玩具等，讓寶寶拉扯玩耍。

建議　為了讓寶寶的弱小力量也能拉扯，最好使用橡皮筋垂吊。

如果寶寶不感興趣的話，可以在玩具上掛鈴鐺等用聲音吸引寶寶。

為什麼輕輕撫摸寶寶 寶寶就會停止哭泣呢？

人們一直都知道育兒過程中需要肌膚接觸。

但是一直不是很清楚為什麼需要肌膚接觸以及具有何種效果。最近發表了科學解釋這一問題的研究結果。那就是「Skin-stroking Caress」。

直譯意為「輕輕撫摸皮膚及擁抱寶寶，能夠讓媽媽和寶寶都心情愉悅」。

人們逐漸瞭解在生長有體毛的皮膚表面有一種被稱為C類神經纖維的微細神經纖維，這種神經纖維會產生愉悅感。

2010年人們發現，如果溫柔撫摸皮膚的話，該神經纖維會經過大腦皮質的體感覺區向腦島傳遞刺激。研究表明腦島具有保持情緒恆常性的功能，即可以激發出人們的愉悅感覺，寶寶害怕或哭泣時，具有給予寶寶安心感的效果。

研究還得出結論認為，以與體溫同等程度的溫度，以每秒撫摸3公分左右的緩慢速度，撫摸長有體毛的皮膚表面，至少撫摸20秒是最有效果的。如果只是說「好可愛喔」而撫摸2、3次的話，不具有讓寶寶安心和心情愉悅的效果。

等寶寶滿2個月後，儘量多多輕柔撫摸寶寶吧！寶寶應該會滿臉笑容的。寶寶哭的時候媽媽可以將寶寶抱起來，並和自己的皮膚接觸，還可以輕輕撫摸寶寶的臉頰、手臂或雙腿。寶寶的不安會轉變成安心而停止啼哭。這就是大腦獲得愉悅感的證據。

講師培訓講座
選自久保田競教授之演講

運動
爬行的準備

透過「立直反射」刺激寶寶爬行

等寶寶能夠很好俯臥後，接下來就可以開始準備爬行了。如果媽媽幫忙的話寶寶會進步特別快喔！

想要爬行前進，必須學會手腳交替移動，這就需要利用「立直反射」。先讓寶寶俯臥，從地板上懸空身體，當任一隻手或腳貼在地板上時，在該反射刺激的作用下先貼在地板上的手腳會移動，接著相反的手腳也會移動。

透過該反射練習手腳交互移動與腳尖貼在地板上，慢慢地寶寶就會爬行了。

匍匐姿勢

寶寶之前都是身體完全貼在地板上的俯臥姿勢，現在練習從俯臥姿勢到用雙手雙腳支撐身體的匍匐姿勢。最初媽媽可以將手伸在寶寶肚子下方，稍微抬起寶寶的身體。這樣寶寶就會用雙手支撐身體。努力讓寶寶的手掌與腳尖正確貼在地板上。

正確向前伸出手

即便寶寶能夠做到抬頭、挺胸、用手支撐身體的姿勢，但如果不會交互伸出雙手的話，還是無法前進。此時媽媽可以抓住寶寶的手，教寶寶正確將手伸向前方。

建議！ 如果寶寶一直無法向前伸出手的話，可以讓寶寶坐在媽媽的膝蓋上，讓寶寶大量做伸出手的遊戲。

用玩具引誘寶寶爬行

讓寶寶俯臥，在寶寶伸出手差一點點可以夠到的地方放置寶寶感興趣的玩具，引誘寶寶爬行。一開始寶寶可能只是手忙腳亂卻無法前進，這時可以像下圖中一樣讓寶寶練習踢腳。

讓寶寶用力蹬腳

在交互向前伸出手腳的同時，還有另一個爬行的重要關鍵，就是腳尖要能夠貼在地面並蹬腳。如果無法做到的寶寶，可以進行腳部練習。將媽媽的手掌貼著寶寶腳掌，輕微向前推。寶寶會利用這個力量慢慢學會蹬腳。

注意

- **在刺激寶寶蹬腳時，要一邊和寶寶說「一、二、一、二」！**
- **說話聲和推的力量要保持同步，比如「一」的時候推右腳、「二」的時候推左腳！**

運動

透過舉高高遊戲
進一步鍛鍊平衡感

讓控制人體平衡感的三半規管和耳石器發揮作用，可以鍛鍊內耳機能。

三半規管在頭部旋轉時會受到刺激。耳石器在頭部前後、左右、上下移動時會受到刺激。兩者均受加速度刺激。

之前我們也做過毛毯鞦韆（36頁）等遊戲，在此月齡中我們將進入下一階段，練習更高難度的動作。

在膝蓋上玩舉高高

媽媽仰臥、彎曲雙腿，讓寶寶躺在雙腿上，將寶寶的身體舉高高。採用寶寶身體保持水平而頭部抬起的姿勢。此外，還可以站立往上舉高高，記住要和寶寶對視進行。

一般的舉高高

將寶寶舉起到比之前的舉高高更高的地方。

注意 **最近罹患「嬰兒搖盪綜合症」的寶寶增加了。雖然這主要是由於劇烈搖晃寶寶頭部導致的，但是寶寶平日沒有運動也是原因之一。在做本頁的運動時，切記不可突然劇烈搖晃寶寶，還有如果寶寶不喜歡的話就要停止。**

平衡鞦韆

用雙手抱住寶寶的大腿，配合旋律前後輕輕搖晃寶寶，練習讓寶寶自己保持身體平衡。

運動

透過「迷宮正姿反射」練習支撐翻身

到了這個月齡，利用迷宮正姿反射的作用，可以練習讓寶寶隨著頭部位置的改變而很好地改變姿勢。透過該練習也可以讓寶寶早日學會翻身。

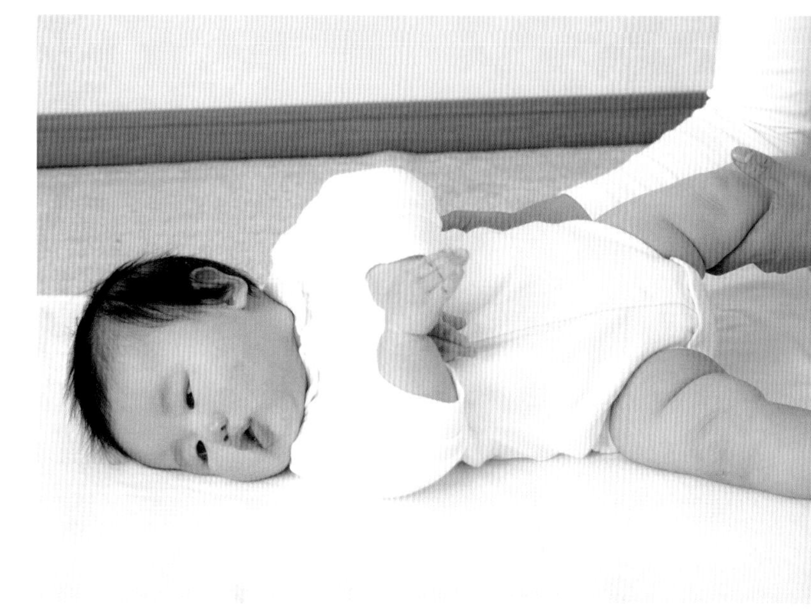

往右側翻身時，將寶寶的右手伸展到與身體成90度，左腳貼著肚子翻身。也以同樣方式進行左側翻身。

建議　如果寶寶還無法自己做到，媽媽可以用指尖輕輕拍打寶寶背部，輔助寶寶翻身。

練習時要注意輔助方式，要讓寶寶以為是自己做到翻身的。

讓寶寶按照自己的意識動作 尿布操❷

寶寶在透過尿布操❶，學會了在媽媽撫摸手腳時寶寶會伸直手腳後，接下來挑戰第二階段的尿布操❷吧！

這次將更進一步，由媽媽的聲音誘導寶寶動作。一邊做尿布操一邊跟寶寶說「一、二」「左、右」等號令，最終寶寶只需聽到這個聲音就會動作手腳。尿布操的目的在於讓寶寶能夠按照自己的意識動作自己的身體。

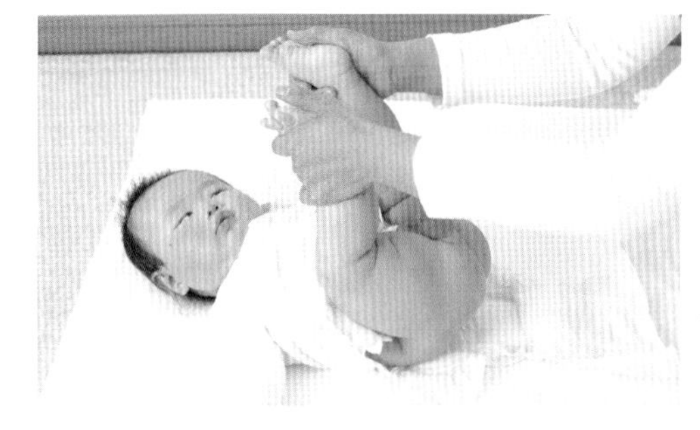

最初將寶寶的雙腳深深彎曲到臉部前，讓寶寶可以看見自己的腳，並跟寶寶說「這是腳，你看，這是〇〇（寶寶的名字）的腳喔」。這與以後做尿布操❸時也有關聯。

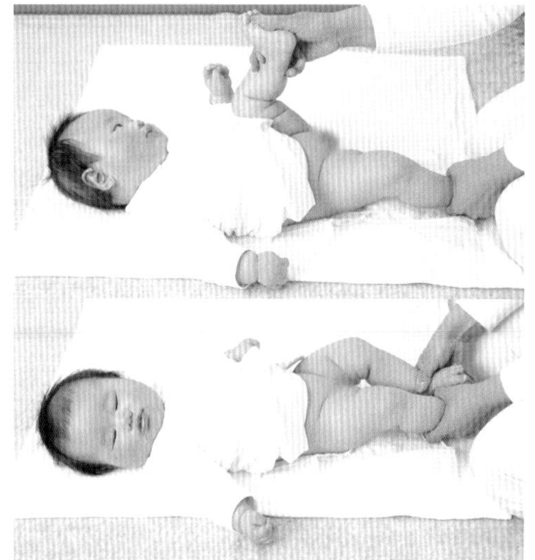

接著將手放在腳和腳掌上，彎曲一隻腳。放開手，讓寶寶自己伸直腳，接著再拉直腳。此時重要的是要以「一、二」等對同樣的動作施加同樣的號令。

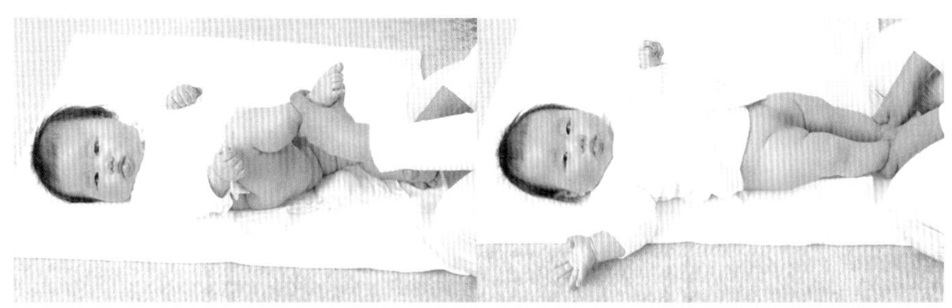

同樣的另一隻腳也由媽媽彎曲，然後寶寶伸直。讓寶寶彎曲腳的是媽媽，伸直腳的是寶寶自己，還要配合兩人的呼吸有規律地說出「一、二」，最後要達到即便在彎曲的狀態下放手，寶寶也會配合號令伸直腳。

最後和尿布操❶一樣，一邊和寶寶說「很舒服吧」一邊慢慢從肩部到腰部、到指尖全部撫摸。撫摸時稍微按壓，一邊調節力道一邊撫摸。在所有尿布操的結尾都務必要進行這個步驟。

注意

- **彎曲時稍微用力，而伸直這個動作儘可能讓寶寶自己做！**
- **拉腳的時候不要太過迅速！**

感覺

各種材質的物品、形狀各異的物品、生活用品、玩具、冷的東西、溫暖的東西等，只要是寶寶感興趣的東西都儘管讓寶寶舔一舔吧！

讓寶寶舔各種物品 培育唇舌感覺

和脖子挺立期一樣，這個時期的寶寶還是會馬上把所有拿到手的東西都放入嘴巴。這是寶寶在集中嘴唇與舌頭的感覺來認識手上拿著的東西。

在快要開始爬行的時期也還會這樣，因此不能離開媽媽的視線，除了危險物品外，其他的東西就讓寶寶盡情放入嘴中認識吧！

建議　媽媽也可以利用身邊的物品，自己手作適合讓寶寶安心舔一舔的玩具，比如切開保鮮膜的滾筒紙芯等。

讓寶寶用杯子喝東西

該時期到了開始慢慢吃離乳食品的月齡。除了液體以外，寶寶也瞭解了其他各種東西的味道，也會開始用湯匙吃東西。

接著想要讓寶寶掌握的是用杯子喝東西。從5個月左右開始練習吧！

將水或麥茶倒入杯子中，先讓寶寶看媽媽喝，然後再讓寶寶喝。在剛洗好澡等口渴的時候練習的話，會比較快掌握喔！

注意

要小心不要嗆到！

配合節奏動動身體可有效培育大腦迴路

不僅僅讓寶寶感受節奏，而是要讓寶寶自己配合節奏動動身體。在培養寶寶感覺時，重要的是要同時有效地促進幾種感覺發展。

也可以讓寶寶拿著會發出聲音的玩具，「一、二、一、二」這樣讓寶寶配合強弱、長短節奏的聲音揮動玩具。此時請媽媽扶著寶寶拿著玩具的那隻手。

建議 為了充分調動五感，要讓寶寶同時做幾個動作，比如一邊聽音樂，一邊動全身，手還要揮動玩具。

和寶寶說話促進寶寶發音

寶寶在啼哭或笑的時候已經無意識中發出了聲音，不過那和人類的語言是不同的。

但如果媽媽在日常就和寶寶說話的話，寶寶慢慢地就會有意識地發音了。這是發音的第一步。也就是說，寶寶的語言是從與媽媽的交流中產生的。

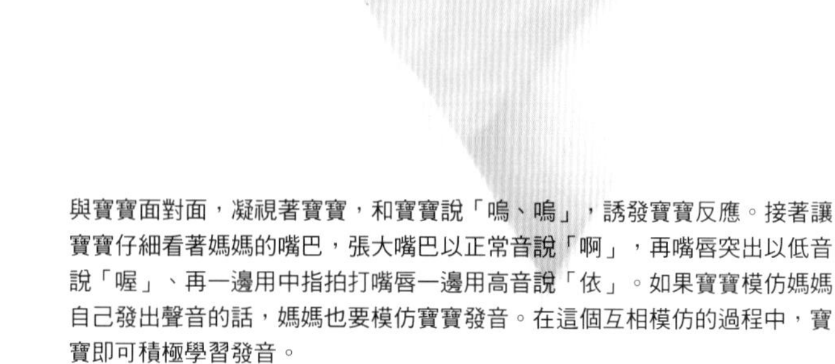

與寶寶面對面，凝視著寶寶，和寶寶說「嗚、嗚」，誘發寶寶反應。接著讓寶寶仔細看著媽媽的嘴巴，張大嘴巴以正常音說「啊」，再嘴唇突出以低音說「喔」、再一邊用中指拍打嘴唇一邊用高音說「依」。如果寶寶模仿媽媽自己發出聲音的話，媽媽也要模仿寶寶發音。在這個互相模仿的過程中，寶寶即可積極學習發音。

只要寶寶一直感興趣都可以持續玩這個遊戲。

建議 寶寶有時會被自己發出的聲音嚇一跳。此時可以緊緊抱住寶寶。

智力

透過照鏡子和媽媽玩耍更加促進大腦發育

從1個月左右到1歲左右的很長時間都可以玩照鏡子遊戲。

前一個階段的照鏡子遊戲是以讓寶寶看見自己的樣子從而萌生自我意識為目的，而本階段的照鏡子遊戲則是以和媽媽玩耍為主要目的。

請試著嘗試各種玩法，比如讓寶寶和媽媽一起出現在鏡子內，改變映照的角度或擺出各種姿勢等。

讓媽媽和寶寶一起映照在鏡子中，讓寶寶交互觸摸鏡子中的臉和實際的臉，感受兩者的差異。此外，還可以張大嘴巴，發出「啊」「喔」的聲音讓寶寶模仿，也可以玩「好運眼、倒楣眼」*的遊戲。

建議 也可以使用小 子進行遊戲。

＊編註：將寶寶的眼角往上輕提，就形成「好運眼」；將寶寶的眼角往下輕壓，就形成「倒楣眼」。

課程 6 個月～8 個月左右

坐立期

在寶寶會坐之後，
可以多多進行使用指尖的練習，
諸如捏、夾、插、捅等，
培養專注力與思考力。

* 慢慢延長坐立的時間。
* 透過遊戲培養寶寶的專注力與思考力。
* 鍛鍊寶寶手臂與腳部肌肉，以便讓寶寶能夠爬得很好。

該時期寶寶的智力方面將大幅提高。有時昨天做不到的事情，今天就可以做到了。對於刺激能夠清晰反應，對媽媽來說也越來越有成就感吧。

在這個時期，寶寶想用眼睛看，用耳朵聽，用手觸摸，使用日益發達的感覺器官，理解物品本質。對於外界的理解也比以前更加深刻。

這個時期可以讓寶寶多多進行使用指尖的練習，諸如捏、夾、插、捅細小物品等，這樣可以促進大腦發展。

寶寶最初發現細小物品時，會想用手指抓取。但到了6～7個月左右還無法很好地使用指尖。到了7～8個月左右，手指可以做出更精細的動作，慢慢地即可使用大拇指與食指捏東西。然後到了1歲左右，則可直接捏起東西。這個時期是在為靈活用手打下基礎。

寶寶能夠長久坐立後，在桌子或餐桌上放置玩具玩耍吧。

此外，還想透過遊戲培養專注力與思考力。寶寶熱衷於某個遊戲時，不要打擾寶寶喔！

手

刺激寶寶
讓寶寶按照自己的
意願伸出手

即便還無法自由移動的寶寶，在發現自己周圍的物品時，也能將物品抓在手裡。為了培養寶寶的這種好奇心，讓我們用寶寶感興趣的玩具吸引寶寶積極伸出手吧！

讓寶寶看見玩具伸出手的方法與之前相同。對於能夠按照自己的意願活動手的寶寶，應該會更積極伸出手。

敲出聲音

該動作有三層意義，①學會敲打這一手部動作，②聽聲音，給予聽覺刺激，③培養節奏感。一開始使用鼓棒敲打可能有些困難，因此首先可以用手敲打。

讓寶寶坐著，媽媽從後面環抱，抓著寶寶的手，用雙手咚咚咚敲鼓。之後讓寶寶一個人試試看。

建議　敲鼓時也可以配合旋律簡單的音樂。

讓寶寶握住木槌等偏重的東西，練習使用手腕敲打。也可以讓寶寶敲打鍋子、桌子等身邊的各式物品。

注意
- **要讓寶寶挺直腰部坐立！**
- **左右手均等使用。**

為了活躍大腦功能，使用指尖抓取細小物品

之前寶寶抓取物品是使用整個手部的力量，到了現在這個月齡寶寶會慢慢學會用指尖抓取細小物品。這也是指尖能夠做到精細動作的證明。

更進一步進行「捏」「夾」「捅」等指尖練習，讓指尖更加靈活吧！

在製冰盒等細小分割的物品內，放入切小的海綿或旺仔小饅頭等物品，讓寶寶捏出來。

Point 可以變化數目，讓寶寶多玩幾次。

在廣口瓶中放入直徑2cm左右的珠珠等物品，讓寶寶抓取。

注意

給寶寶細小物品時，媽媽一定要在身邊，如果寶寶想要放入口中時，立即說：「不行！」阻止寶寶。媽媽也可以將物品放入口中，然後吐出來，讓寶寶模仿。

拉扯

寶寶都很喜歡拉扯東西。特別是一直想拉扯衛生紙等物品。可以在保鮮膜的滾筒等道具中塞入東西，讓寶寶拉扯出來。寶寶肯定會很好奇「會拉扯出什麼呢？」而一直玩個不停呢。

將保鮮膜的滾筒切成20cm左右，在裡面塞入緞帶、圍巾、衛生紙、玩具等，讓寶寶拉扯出。

Point 最初寶寶還無法很好地同時使用雙手，因此媽媽可以幫忙固定住滾筒，讓寶寶練習拉扯。此外，坐立姿勢時，使用雙手更穩定。

注意 **不要讓寶寶的身體向前傾。**

使用雙手相互敲打

雙手拿著東西相互敲打，除了可以調節兩手的力道，協調動作，還可以讓寶寶學會拍打出聲和掌握節奏感。

在給予寶寶某種刺激時，像這樣可以給予各式感覺刺激的動作，可以更有效促進大腦各部分的發育。

讓寶寶雙手拿著積木敲打出聲來練習。

試著用身邊的碗、塑膠杯等其他能夠發出聲音的各式物品練習吧！

注意 **寶寶不敲打而是想要放入口中時，要明確告知寶寶「不行」。**

手、手指是第二大腦

鍛鍊手、手指也可鍛鍊前額葉皮質

據說捏製黏土的陶藝、使用手指的鋼琴等對預防老年癡呆很有幫助。手指可以說是人體的第二大腦，大腦與手、手指具有密切關係，不僅限於老人，連寶寶也可透過使用手與手指達到鍛鍊大腦的效果。

寶寶將喇叭拿在手裡時，「重」「堅硬」等資訊會經由手傳遞至大腦（體感覺區）。眼睛接收到的喇叭視覺資訊則傳遞至大腦（視覺聯合區）。這些資訊全部匯集到前額葉皮質，認識到這是喇叭，再由前額葉皮質將「吹奏」這一命令下達至運動聯合區，從而寶寶可以將喇叭放到嘴巴吹奏出聲。

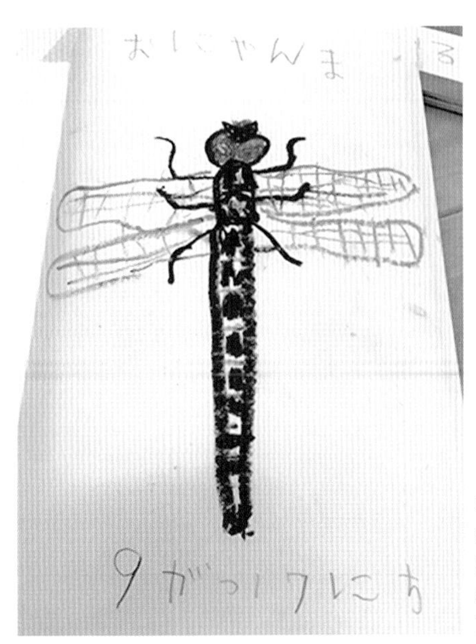

5歲小朋友的畫。從2個月左右開始使用手指，前額葉皮質得到發展，不僅鍛鍊到了手指柔軟度，也鍛鍊了觀察力、專注力、表現力、正確度。

使用手指做出的動作，全部都是由前額葉皮質思考後傳遞至運動聯合區，再由運動聯合區決定要如何移動手及手指，再傳遞至運動聯合區，運動區對各部位的肌肉下達指令。從嬰兒時期開始，讓寶寶不斷使用手指與手，不斷增加神經迴路，資訊傳遞速度會變快，資訊量也會增加，使得前額葉皮質得到鍛鍊。

從本書中所寫的課程中也可知，在實踐我們提倡的久保田育兒法的「久保田育兒法能力開發教室」中，針對月齡2個月的嬰兒到五歲的幼稚園小朋友，都會配合他們的成長，重複進行抓住、放開、拉扯、敲打、捏起、投、畫、撕、摺疊、穿鞋帶、捲毛線、轉動手腕、用剪刀剪東西、縫、編織等各種使用手與手指的運動。手與手指越使用越可以早日靈活運用。人們把可以很好運用手部稱為有靈活度，而這種靈活度是瞭解大腦發達程度的標誌。

講師培訓講座
選自久保田競教授之演講

運動

為了正確形成發達的肌肉，進行坐立練習

寶寶的脖子開始挺立後，即便進行坐立練習，一開始會往前傾或是向後仰，往往無法坐得很好。正確的坐立是採用筆直挺立背部的姿勢。

為什麼要堅持讓寶寶採用正確的坐立姿勢、爬行姿勢、行走姿勢呢？因為採用正確的姿勢可以在身體的正確位置生成肌肉，並幫助正確形成發達的肌肉。

一邊坐著玩遊戲，一邊練習讓寶寶保持正確的坐姿。等寶寶能夠長久坐立後，視野會更廣闊，也會增加對各式物品的興趣。此外，保持坐姿玩耍也能培養專注力。

使用桌子固定姿勢

為了防止身體傾斜，在寶寶前面放置到胸口高度的桌子或瓦楞紙箱，在上面放上玩具讓寶寶玩耍。

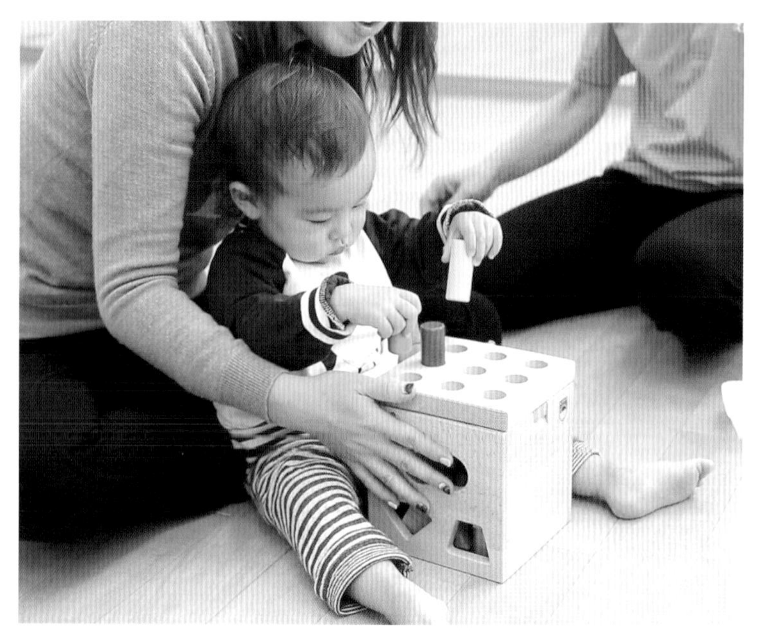

在雙腿間放置玩具坐立玩耍

將寶寶雙腿伸開，在中間放置高度大概到胸前的玩具（照片內為形狀配對積木盒）讓寶寶玩耍。這個遊戲的目的是讓寶寶做到直立起身體的姿勢。

建議 如果寶寶玩耍時僅用單手的話，可能會導致姿勢不穩而失去平衡。因此要時常注意讓寶寶使用雙手玩玩具。

靈活的爬行練習

靈活的爬行指的是動作沒有多餘，能夠快速前進。首先進行練習讓寶寶能夠做到完美（正確）爬行，等可以做到後再讓寶寶挑戰爬斜坡，或是跨越高低不平的階梯。

這與鍛鍊膝下與手腕的肌肉也有關聯。能夠靈活運用這些肌肉，是以後行走必需的，因此請務必要試試看喔！

在斜坡往高處爬

讓寶寶使用腳的大拇指，讓腳尖用力，練習不使用膝蓋爬坡。一開始從坡度較緩的斜坡開始，接著在類似滑梯的較陡坡面爬行。如果寶寶不自覺用了膝蓋的話，媽媽可以用手支撐住寶寶的腳掌。

建議 如果寶寶不想爬上去的話，可以使用玩具吸引寶寶。

爬階梯

使用被子或床 形成階梯，讓寶寶進行爬階梯跨越練習。為了讓寶寶可以用手牢牢支撐住身體，交互提起腳，順利爬過階梯，媽媽要靈活誘導喔！

Point 重點在於寶寶是否能夠使用腳部大拇指，用腳尖往前踢。所以媽媽要特別注意喔！

建議 等寶寶能夠爬上去後，也可以練習爬下去。

爬行遊戲

透過需要爬行的遊戲，讓寶寶的爬行更靈活吧！這與鍛鍊腰部與手腳肌肉相關。而且寶寶會非常喜歡這類遊戲。親子一起享受遊戲樂趣吧！

穿過隧道

寶寶喜歡穿過狹窄的地方。使用紙盒或木板等材料製成隧道，在隧道口呼喚寶寶的名字，讓寶寶爬行穿過隧道。

建議 媽媽張開腳站立或是用手腳支撐趴著，讓寶寶從下面爬過。寶寶肯定會很開心喔！

練習摔倒時
會用雙手撐地

隨著寶寶的動作更活躍，行動範圍更廣，隨之而來的危險也不斷增加。有人說最近的孩子摔倒時姿勢很不靈活。為了摔倒時能夠快速用手撐地，讓寶寶進行用手撐地的練習吧。

鋪上被子或床墊，再在上面將被子等捲起來，然後讓寶寶趴在上面，慢慢往前滾動被子。如此一來，當頭朝下時，寶寶自然會將手伸向地板一側，讓寶寶反覆練習。

更刺激的舉高高

這是更刺激的舉高高遊戲。如果寶寶十分喜歡舉高高遊戲的話，試著將寶寶舉到最高吧！這個遊戲也適合和爸爸一起玩。

一邊說著「舉高高囉，舉高高囉」，一邊迅速將寶寶的身體往上舉高。一開始的時候媽媽和寶寶對視，寶寶會比較安心喔！

注意

請勿劇烈搖晃寶寶的頭部或是將寶寶的身體轉來轉去。

讓寶寶站在腳背上練習走路

和媽媽一起走路可以讓寶寶掌握正確的行走方式，讓寶寶體會雙腳的運動方式。這樣寶寶可以學會彎曲膝蓋並將腳掌離開地面。

站立時和腳向前時使用的是不同的腿部肌肉。大腦會傳遞相關資訊，內耳也會下達保持平衡感的指示，大腦會漸漸適應這些複雜指令。雖然寶寶一個人走路還為時尚早，但是可以在這個時期教寶寶行走的節奏。

讓寶寶站在媽媽的腳背上，前後左右有節奏地行走。一天做一次左右。

注意

輕輕抱著寶寶，促使寶寶自己主動邁開腳步。

讓寶寶練習按照自己的意願動作或停止
尿布操❸

這個時期的尿布操❸的目標是讓寶寶學習跟隨媽媽的聲音活動手腳以及身體不動、安靜等待。

等寶寶學會這兩點後，媽媽給寶寶換尿布時也會很輕鬆。該尿布操請一直持續到寶寶會走喔！

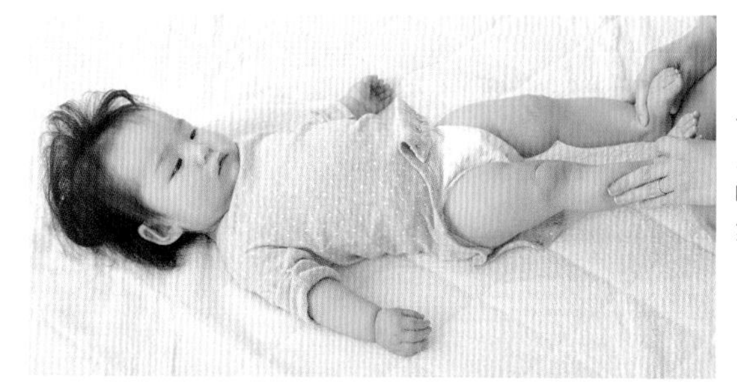

一邊跟寶寶說：「寶貝，我們來放鬆一下吧！」一邊用手掌一口氣從肩膀按摩至腳尖。

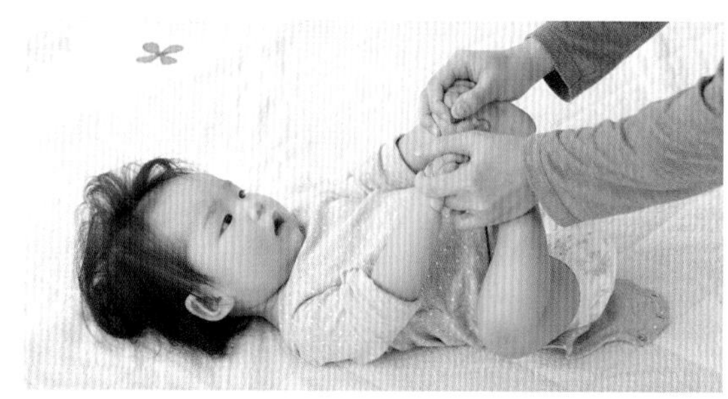

跟寶寶說：「寶貝，來抓住你的腳吧！」教寶寶抓住自己的雙腳。一開始的時候還是要由媽媽一起幫忙抓住。

保持剛剛的姿勢，骨碌一下翻向一側。

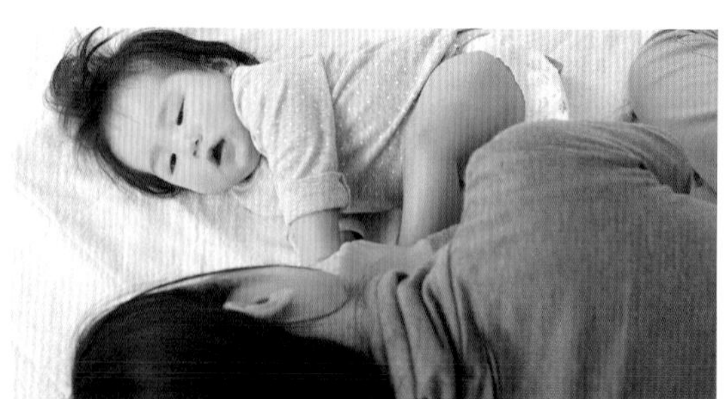

再翻向另一側。

透過訓練，最後要讓寶寶在聽到媽媽說「不要動」時，能夠抓住抬起的雙腳安靜等待。如果在媽媽換尿布期間，寶寶都可以獨自抓住自己的雙腳安靜等待的話就大功告成了。

建議　如果寶寶做到了安靜等待，要多多誇獎寶寶喔，比如「寶寶好乖喔」等。

注意　**請在飯後30分鐘以後再進行。**

感覺

讓寶寶用眼睛追著滾動的球，培養預測能力

牢牢盯著滾動的球的運動軌跡是「追視」的一種。等寶寶能夠坐立後開始練習吧！

該動作不僅可培養預測即將發生的事情的能力，還可以透過與媽媽一起互動玩球而產生社會性。

首先跟寶寶講話讓寶寶看到球，等寶寶的注意力集中在球上後，讓球滾動，讓寶寶追著滾動的球看。

建議　也可以讓寶寶和媽媽面對面滾動球。等寶寶能夠預測到球的動向後，寶寶就會想要伸手撿球。

注意　**一開始可能球的滾動速度太快而導致寶寶難以追視。這種時候可以使用布做成的球或將濕的衛生紙裹成球使用。滾動的速度較慢的話，寶寶比較容易追視。**

社會性

與媽媽一起玩扮鬼臉遊戲，鍛鍊前額葉皮質

扮鬼臉遊戲的玩法是媽媽與寶寶面對面，做出各種表情，可鍛鍊前額葉皮質。一開始可以由媽媽重複笑臉、驚訝等表情讓寶寶看，慢慢地寶寶就會模仿媽媽做出表情。

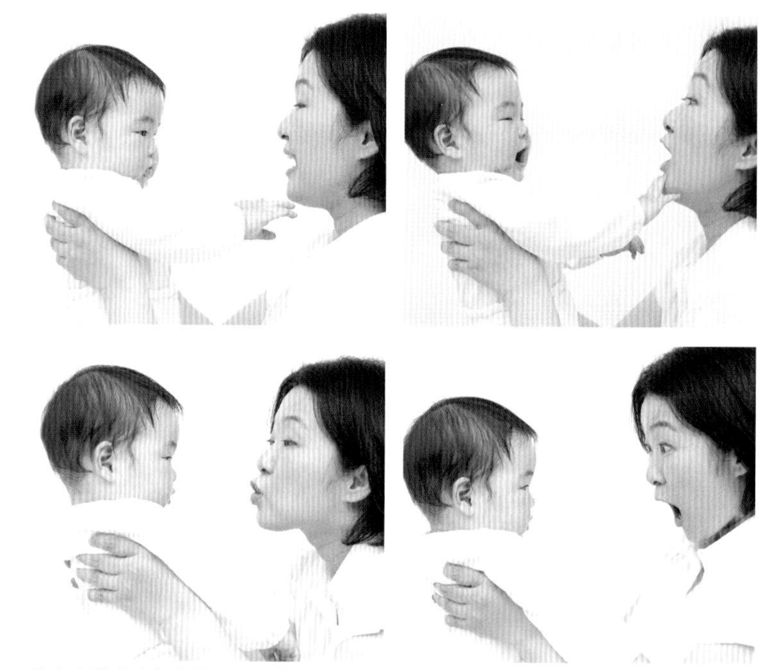

跟寶寶說「來扮鬼臉吧」、「誰先笑的話就輸了喔」、「啊～噗～噗」，媽媽作出驚訝表情。寶寶慢慢就會模仿媽媽。各種各樣的表情可以培養寶寶豐富的情感。

建議 媽媽也可以表演「剪刀石頭布」「握拳伸直拍拍手」等手指謠讓寶寶模仿。

教導寶寶「不要衝動」

當寶寶想要觸碰插座時，讓寶寶學習不要碰。寶寶想要觸碰時說「不行」，然後教寶寶拔下插頭再觸碰。如此重複幾次後，寶寶看上去好像在開始思考是否要觸碰。對寶寶的這種猶豫進行誇獎。在寶寶沒有衝動地做某件事時給予誇獎，也可促進大腦發展。這對大腦發展是非常重要的，因此請在日常生活中多多學習吧！

在寶寶想要觸碰插座時，制止寶寶。如果寶寶停止觸碰則誇獎寶寶。當然在此之前請先向寶寶說明插座的危險性。讓寶寶事先瞭解情況後再制止會更有效。

智力

多樣化的「不見了、不見了、哇！」遊戲鍛鍊工作記憶系統

「不見了、不見了、哇！」遊戲讓寶寶期待某樣事物並等待，可以鍛鍊工作記憶系統，促進前額葉皮質發展。試著讓這個遊戲更豐富吧！

多下功夫想出一些花樣，和寶寶一起開心玩耍吧！

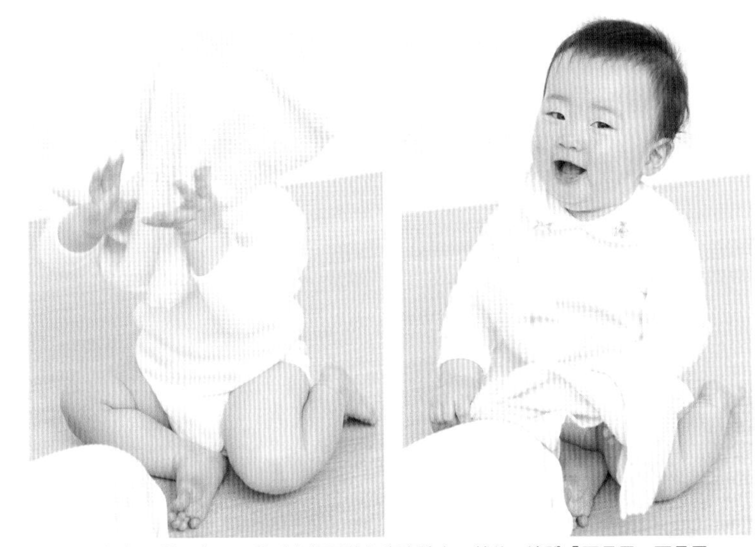

讓寶寶和媽媽面對面坐下，將毛巾輕輕蓋在寶寶臉上，然後一邊說「不見了、不見了」，一邊讓寶寶等待一段時間。然後讓寶寶在媽媽說「哇！」的同時自己將毛巾拿開。當然一開始的時候媽媽要教會寶寶拿開毛巾。＊編註：玩這個遊戲時，請選用小條、透氣的毛巾，（紗布巾為宜），以避免寶寶被纏住而發生窒息危險。

接下來換媽媽把臉遮住。等待的時間可時長時短，讓寶寶看到時的臉部表情也可以不斷變化喔！

媽媽躲在屏風、窗簾或門後面等處，和寶寶玩「不見了、不見了、哇！」遊戲。媽媽不是從一個地方，而是從各個地方出現的話，寶寶也會超開心的。

建議 媽媽和寶寶也可以一起照鏡子玩這個遊戲。一直玩到媽媽將臉遮住時，寶寶會回頭看真實的媽媽的臉吧。

將玩具藏起來讓寶寶找尋 鍛鍊工作記憶系統

當寶寶要去拿面前的玩具時，如果媽媽將這個玩具藏起來的話，寶寶就會忘記這個玩具。這個遊戲則可以培養寶寶的短期記憶，使得寶寶不會忘記。如此鍛鍊工作記憶系統對於前額葉皮質的發展也十分有效。

先讓寶寶玩一下玩具，讓寶寶熟悉玩具。之後用容器或毛巾當著寶寶的面將玩具蓋起來，這樣一來寶寶會將容器打開找到玩具。寶寶找到時，要很誇張很開心地和寶寶說：「哇，在這裡！」

建議　等寶寶習慣之後，可以將玩具藏在小杯子裡或是被子中，藏玩具的地方也越來越難，訓練寶寶記憶這些地點。

照鏡子遊戲

如果寶寶伸出手觸摸鏡子中映照的自己或媽媽的話，寶寶會慢慢發覺鏡子中的自己或媽媽與現實中的不同。

可以使用鏡子，讓寶寶理解自己與他人的不同，或是照著鏡子玩「不見了、不見了、哇！」的遊戲。等寶寶會坐立之後，可以使用鏡子玩的遊戲也增多了呢。

嘗試各種遊戲吧，比如讓寶寶觸碰小鏡子或一邊照鏡子一邊指著寶寶的臉說：「嘴巴」「鼻子」「臉頰」等。

建議　媽媽也要坐在寶寶後方，告訴寶寶鏡子中的媽媽與現實中的媽媽是不同的。

課程 8 個月～1 歲左右

爬行期

萌生真正智慧的時期。
給予寶寶刺激，讓寶寶思考後再行動。
寶寶會爬行之後，世界變得開闊，
大腦會以飛快的速度發展。

此時期的重點

* 讓寶寶自由行動，滿足好奇心。
* 進行學話訓練。
* 教導寶寶遠離危險。

在嬰兒時期，寶寶大腦的神經迴路會以飛快的速度生長，其中巔峰期是在1歲左右。接下來的時期是大腦發育最重要的時期。

至今為止都是坐著、靠身體與感覺對刺激作出反應的感覺運動型智力，而從這個時期開始寶寶開始會用頭腦思考後再行動。

爬行、扶著行走、自己會走之後，寶寶可以自己決定感興趣的目標物，再主動接近。

寶寶終於要萌發真正的智慧了。對於寶寶來說能夠自己行走意味著世界擴大了，有著非常重要的意義。

能力開發的目的不是讓寶寶早日可以做到脖子挺立、坐立、爬行、獨自行走。但是能夠早日做到這些動作，說明與這些部分相關的大腦已獲得發展。

如此才可以進入更高難度的步驟，對寶寶大腦發展是很有利的。

前額葉皮質是人類的理性思考與判斷力的根基，也是從8～10個月左右開始發揮作用，直到20歲左右之間，慢慢不斷發展的。

為了滿足寶寶旺盛的好奇心，請和寶寶一起做各種遊戲，幫助寶寶培養社會性與智力。

手

將細棒塞入洞中
培養專注力

在這裡將學習同時使用眼與手。來教寶寶一邊牢牢盯著目標物一邊動手吧。

首先由媽媽示範給寶寶看。等寶寶在某種程度上能夠集中注意力做一件事情後就可以開始練習。在細棒塞入完畢之前，都將注意力集中在手指，漸漸延長能夠集中的時間。此處培養出的專注力，以後在學習功課等各式場合都能發揮作用。

在容器上打幾個細棒能夠通過的小洞，讓寶寶把細棒塞入洞中。準備各種顏色的細棒，長度也可以參差不齊。

建議◎也可以將牛奶盒塗上漂亮的顏色，打幾個小洞，將剪斷的細棒塞入洞中。

嵌入、插入、擰緊掌握靈巧度

寶寶開始會轉動門把等也是在這個時期。在理解物品構造的同時，進行使用雙手轉動手腕的練習，幫助寶寶掌握靈巧度。寶寶做得很好時大力誇獎寶寶，會讓多巴胺系統充分發揮作用，因此要多多誇獎寶寶喔！

準備一些如PLUS 10（如照片所示）、形狀配對積木盒、拼圖、積木、蓋子未轉緊的瓶子等能夠嵌入、插入或擰緊的玩具或日用品，讓寶寶玩吧！

媽媽先做幾次給寶寶看，寶寶就會模仿喔！

丟球練習

寶寶都很喜歡玩球。丟球時用眼睛追視球對提昇看東西的能力十分有幫助，手也會變得更靈巧。

雖然一開始還無法做到追視在運動中的球，不過可以進行練習，讓寶寶做到一邊讓寶寶預測落下地點，一邊靈活使用手丟球。

彈力很好的橡膠球會馬上就從寶寶的視野中消失，使得寶寶無法追視，因此一開始可以使用小布包、布製的小球、將衛生紙用濕後裹起來製成的小球。媽媽先丟給寶寶看，接著再手拉手教寶寶丟。反覆練習非常重要。

撕紙

撕紙也是一項高難度的手部動作。如果無法靈活動起雙手並控制指尖的力道的話，是無法做好這個動作的。

一開始使用不論縱向還是橫向都容易撕開的薄紙或報紙進行練習，等能夠撕開後再嘗試其他各種紙張。

使用面紙、花紙、報紙等較薄的紙讓寶寶撕。試著讓寶寶靈活使用雙手進行。做到的話，也讓寶寶試試宣傳單等較厚的紙或是會發出聲音的紙吧！

建議●等寶寶能夠撕破之後，可以試著讓寶寶將紙撕碎，再像下雪一樣撒開。

敲鼓

上一個月齡是用手敲鼓，這個時期可以開始讓寶寶握住鼓槌敲鼓了，寶寶也明白了落下鼓槌就會發出聲音。

在教會寶寶自己使用雙手敲擊出聲音的同時，也試著練習聲音的強弱或跟著節奏敲擊吧！

一開始要教會寶寶正確握鼓槌的方法。然後媽媽手拉手教寶寶正確握住，敲鼓給寶寶看。儘量不論是左手還是右手都可以敲鼓。嘴裡可以說著「咚、咚、咚」，跟著節奏敲擊。等到熟練到一定程度後，再換右手敲擊。

建議●除了鼓，也可利用桌子、鍋子、被子、湯匙等身邊物品。

注意 **使用單手敲擊時，也要教寶寶用另一隻手將鼓支撐住。**

掌管節奏的是左腦，因此即便寶寶是左撇子也可以用右手敲擊。

正確的步行習慣
幫助養成優秀的身體與大腦

直立行走並前後擺動雙手是人類行動的基本。「步行」這一動作與大腦的功能具有很深關係，養成正確的步行習慣，與培養優秀的身體與大腦息息相關。

大腦中的運動區支配著雙腳肌肉，左腦向右腳、右腦向左腳發出命令。腦幹的步行中樞會發出「保持姿勢、手腳交互移動」命令，由此調節步行方式。

將這些命令傳遞到交互的雙腳，使得人類能夠行走，這就是「對側伸腿反射」(cross extension reflex)。該反射也會對手產生影響，帶來手腳協調。這些作用支持著人類步行。

此外，支持手與腳協調行動的功能是「脊髓」機制。不僅是人類，所有哺乳動物的該反射都十分發達。

如果左手向前伸出，則右手向後，左腳也向後，右腳則向前邁出。接著左腳向前邁出，右腳向後，左手也向後，右手則向前伸出。這些反射都取決於伸出的腳。因此，如果不好好進行步行練習則這些反射無法發展。透過步行，脊髓整體的功能會增強，大腦的功能也會增強。

此外，步行時「頭部的位置改變的話，為了保持平衡手腳也會跟著動作」，這是迷宮正姿反射在發揮作用。

而且對停止步行動作發揮作用的是前額葉皮質。直立行走是由大腦的各個部位產生作用才完成的。

直立行走是活動身體與大腦的最基本。為了對寶寶的大腦產生好的影響，媽媽需要好好理解這些機制。

講師培訓講座
選自久保田競教授之演講

運動

練習靈活的摔倒方式

與爬行時期不同，寶寶會走之後，遇到危險的可能性也顯著增加了。

接下來必須更多教會寶寶自己保護自己。為了摔倒時能夠靈活用雙手撐住而避免危險，需要事先練習正確的摔倒方式。首先讓寶寶練習感覺危險時迅速伸出手。

讓寶寶趴著，然後抱著寶寶的肚子抱起來，以這個姿勢搖動身體。如此一來，寶寶會自然向前伸出雙手。

接著讓寶寶保持趴著的姿勢，讓身體快速靠近地面。如果寶寶能察覺危險，自己迅速伸出雙手，形成支撐身體的姿勢，這樣就成功了。在伸出手的同時頭部也跟著動作的話，耳石器也會發揮作用，因此在寶寶學會無意識地伸出手之前不斷練習吧！

站立與行走培育更具人類特徵的大腦

之前介紹的「尿布操」、「舉高高」等練習，不僅可以鍛鍊肌肉、培養平衡感，還可以幫助寶寶靈活行走。

雖然寶寶站立及行走的時間具有個體差異，但到了10個月～1歲左右，雖然身體會搖晃不穩，但基本上還是能夠自己站立了。

從大腦發展方面來看，站立時緊張肌、行走時活動肌會對大腦產生作用，將「站立」這一資訊傳遞至大腦，同時產生迷宮正姿反射的內耳也會向大腦傳遞資訊。如此一來，寶寶能夠直立行走之後，大腦會更加發揮作用，更具人類特徵。

扶著走

利用低矮的桌子等，在稍微有點距離的地方用玩具吸引寶寶，讓寶寶進行交替步行練習。儘量讓寶寶左右都可移動。

注意
- 寶寶能夠做到扶著東西站立或扶著走之後，為寶寶準備高度剛好適合抓住的書桌或桌子。
- 如果桌子上有寶寶扶上去後可能會倒下的危險物品請先拿走。

練習在鏡子前站立

這個練習是讓鏡子吸引寶寶興趣，以便寶寶可以稍微站久一些。也可以貼一些畫在鏡子上讓寶寶觸摸。

要告訴寶寶一隻腳伸向後方保持平衡站立。

建議 扶著東西站立時，儘量讓寶寶將腳打開與肩膀同寬，腳跟緊貼地面。

練習走路

和媽媽一起走路，掌握正確的行走方式。學習腳的運行方式（雙腳交互向前）以及彎曲膝蓋腳掌離開地面。

一開始讓寶寶站在媽媽的雙腿之間，扶著寶寶的腋下，一邊走一邊說「一、二」。

等寶寶習慣之後，媽媽可以只牽著寶寶的一隻手進行走路練習。牽手時要儘量左右手輪換，不要一直只牽同一隻手。

近距離滾球

這不是將球丟出讓球落下，而是轉動手腕讓手指靈活離開球的練習。之前介紹過的動作（參閱67頁）是媽媽滾球讓寶寶追視再伸出手接球，這次則是要讓寶寶自己滾球。

最初可以在很近的距離下滾球，之後逐漸增加距離。媽媽可以先滾球給寶寶看，再讓寶寶模仿練習。

讓寶寶張開大腿坐下，媽媽從稍遠一點的地方瞄準兩腿之間滾球，讓寶寶接球。再把接到的球滾給媽媽。寶寶做到後很誇張地誇獎寶寶也很重要喔！

感覺

米穀粉遊戲
讓寶寶可以
邊思考邊玩耍

眾所周知使用雙手可以促進大腦發達，這是因為經過思考使用雙手或是製作出新東西時會使用到前額葉皮質。請務必從嬰兒時期就讓寶寶多多思考並使用雙手。

請多做一些諸如玩沙等可以用手觸摸並記住物品觸感的遊戲。接下來為你介紹在家庭中可以簡單進行的米穀粉遊戲。體驗使用米穀粉製作出丸子的同時，讓寶寶感受乾乾的與黏黏的觸感。

注意　**若使用麵粉的話要注意是否對麵粉過敏。小心不要讓寶寶放入嘴中。**

感受乾乾的、黏黏的觸感

在寬盆或塑膠袋上方放置米穀粉，讓寶寶用手觸摸，感受乾乾的觸感，讓寶寶自由觸摸吧！接下來，在米穀粉中加入水，讓米穀粉變得黏黏的，教寶寶玩泥巴的要領，讓寶寶感受那個觸感。

搓丸子

再多加入一些米穀粉，接著製成跟耳垂硬度差不多的麵團，用這種米穀粉黏土玩各式遊戲。可以撕一些下來搓成丸子，或者用手搓著搓著製作出讓人意外的作品吧！

建議　將米穀粉黏土撕小，排列看看，或是和媽媽一起製作也可以。此外，還可以在手掌中搓成圓形棒棒，或者拉扯，或者揉平，嘗試製成各式形狀吧！

玩黏黏遊戲
認識色彩、磨練手指感覺

這個遊戲是在米穀粉遊戲中體驗到的黏黏感覺的基礎上，再加上顏色的變化，大量使用手指，認識感覺。

先使用膠水與水彩顏料混合製成黏黏的東西，然後媽媽移動手指觸碰給寶寶看，接著讓寶寶自己也享受手指的觸感。

可以一邊使用手指或湯匙玩水彩遊戲，一邊畫畫或享受觸感。

Point 在充分享受了米穀粉樂趣後，大約1歲左右可以開始玩這個遊戲。

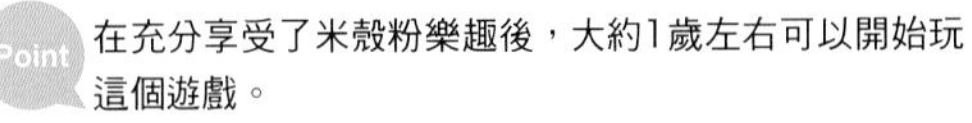

建議 也可以在最初的顏色上用畫筆點上其他顏色，再以手指混合，觀察顏色瞬間變化的樣子。

吹喇叭
刺激寶寶發音

為了能夠說話，必須掌握靈活吐氣的呼吸方式。吹喇叭遊戲可以教會寶寶吐氣，刺激寶寶發音。

如果寶寶知道吸氣無法發出聲音，而用力吹氣則可以發出聲音的話，寶寶應該會覺得很有趣而不停地吹吧！一開始請媽媽很開心地吹給寶寶看。

讓寶寶握住玩具喇叭放到嘴中，然後吹氣發出聲音。如果寶寶一點都不想吹的時候，媽媽可以「噗、噗」地讓寶寶看媽媽的嘴唇動作，教會寶寶吐氣後再讓寶寶吹一次試試。媽媽先給寶寶做出示範，再讓寶寶嘗試，是寶寶模仿媽媽的聲音與動作，或者與媽媽一起做某件事的過程，可以加強交流，提昇社會性。

認識三原色

寶寶最初能夠認識的顏色是紅、藍、黃三原色。在這裡我們不是要讓寶寶記住顏色的名稱，而是先讓寶寶認知顏色並且區別同一顏色和不同顏色。

在紙上畫出氣球等圖畫，其中塗上紅、藍、黃3色。讓寶寶拿著3種顏色中的一種顏色的貼紙，試著貼到同樣顏色的氣球上。可以對「不同顏色」進行分類，或是將「同一顏色」進行歸類。一開始比較2種顏色，習慣之後再比較3種顏色。

建議◎等寶寶能夠區別顏色之後，可以增加顏色的種類。

社會性

「拍拍頭」手指謠

從古早時候流傳下來的手指謠有很多。讓寶寶與媽媽一起多多玩這些手指謠吧！透過不停重複簡單的聲音，不僅可以學習語言，也可以加深與媽媽的交流，培養社會性。

除了「拍拍頭」外，還可以換成拍拍耳朵或者拍拍臉頰。也可以兩人面對面玩「拍手拍手阿哇哇」等手指謠，或者坐在鏡子前面看著自己的樣子玩。

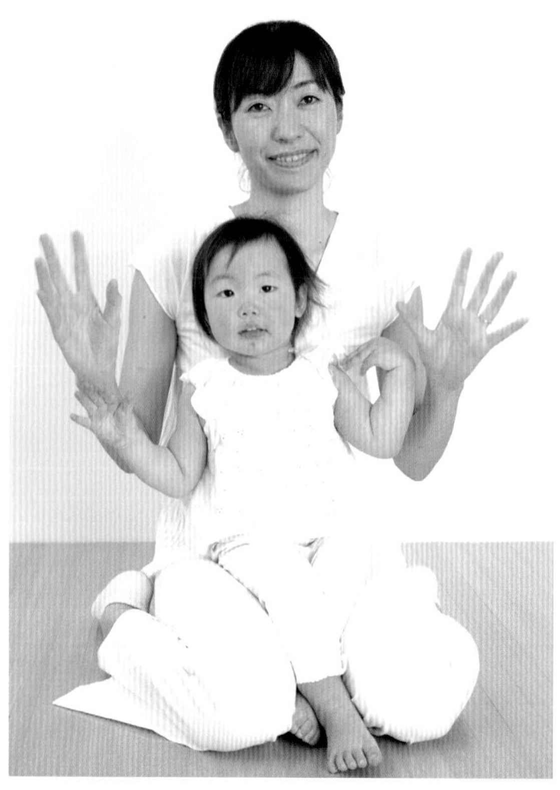

可以跟著喜歡的歌曲旋律，像照片所示的那樣張開雙手，手腕外翻或內翻。媽媽先做給寶寶看，然後再讓寶寶自己試試看喔！

智力

高級版「不見了、不見了、哇！」躲貓貓

「不見了、不見了、哇！」這個遊戲可以培養工作記憶系統，掌握預測能力，促進寶寶發展理性大腦，即這是一種「讓頭腦更聰明的遊戲」。

寶寶會走之後，也推薦你和寶寶一起玩躲貓貓遊戲，多多活用屏風、窗簾、門後等處，讓寶寶找尋媽媽。

此外，透過諸如將玩具藏起來讓寶寶尋找這樣更高級的遊戲，可以逐漸鍛鍊工作記憶系統。

將球滾入屏風或門後面，讓寶寶去撿球，或者媽媽「哇！」一聲從隱蔽處出現。這樣可以讓寶寶不懼怕通過較暗的地方。

也可以讓寶寶們一起玩「不見了、不見了、哇！」遊戲。也可以在瓦楞紙箱上挖幾個與寶寶臉部齊高的洞洞。

Point 一開始要讓寶寶看到躲藏的地方後再躲起來。

將玩具藏起來，讓寶寶尋找鍛鍊工作記憶系統

這個遊戲是先讓寶寶看一看喜歡的玩具，再藏起來，讓寶寶尋找。該遊戲可以使用工作記憶系統，從而鍛鍊前額葉皮質。

先讓寶寶看一看玩具，再當著寶寶的面將玩具藏到毛巾下面，讓寶寶尋找。等寶寶會爬行之後，可以藏在稍微遠一些的地方，讓寶寶爬過去拿。

建議◎也可以準備一個大袋子，將玩具藏在裡面讓寶寶尋找。寶寶為了找尋玩具，需要將袋子打開再取出，加了這個動作後成為了一個更高級的遊戲，也能夠培養寶寶解決問題的能力。

這是什麼？

即便寶寶還不會說話，但寶寶已經能夠認識物品。讓寶寶看繪本，或是看身邊的各種物品，可以激發寶寶的好奇心，同時還可以將這些物品變成語言，大量跟寶寶說話吧！

一邊讓寶寶看繪本，一邊跟寶寶說：「這是什麼？」「這是○○（寶寶的名字）喜歡的草莓喔，好多喔！」讓寶寶多多看一些如食物、動物、交通工具等寶寶感興趣的物品吧！

Point 即便寶寶還不識字還不會說話，但是已經能夠認識形狀。可以讓寶寶看一些描繪著動物或貼近生活的寶寶專用繪本等。

課程 1歲～1歲半左右

行走期

寶寶的感覺區發展完成的時期。
可以使用語言或眼神與人交流。
給寶寶各式判斷的機會，
幫助寶寶的大腦發展。

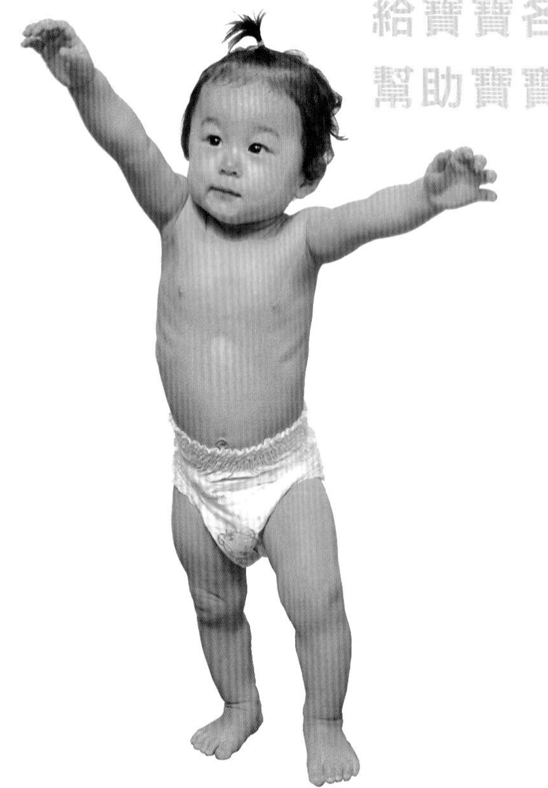

* 大量語言交流。
* 說話時要與寶寶對視。
* 鍛鍊背部與腰部，讓寶寶走得更好。

到了1歲左右，運動區、視覺區、聽覺區、皮膚感覺區等，成為基礎的眾多部分迴路幾乎都已完成。大腦本身的重量，在剛出生時約400g，到了1歲約700g，幾乎增長一倍。可見出生僅一年的時間，寶寶就獲得了如此大的成長。

只要看寶寶就一目了然了。脖子挺立、翻身、坐立、爬行、站立、行走，寶寶取得了顯著進步。差不多要開始說「媽媽」「爸爸」「MANMA」等單字了。與一年前相比，真是令人驚訝的成長速度呢。在此之前，寶寶的能力並無太大的個人差異，不過1歲以後開始走路、開始講話之後，慢慢就出現了差距。

為了提高寶寶的能力，接下來父母也要持續為寶寶提供優良的環境，這是很重要的。所謂優良環境指的是給予孩子各種刺激的環境。在這樣的環境中寶寶的大腦會越來越發達。

特別是今後要注意儘量和寶寶大量對話。因為學習語言與智力發展密不可分。

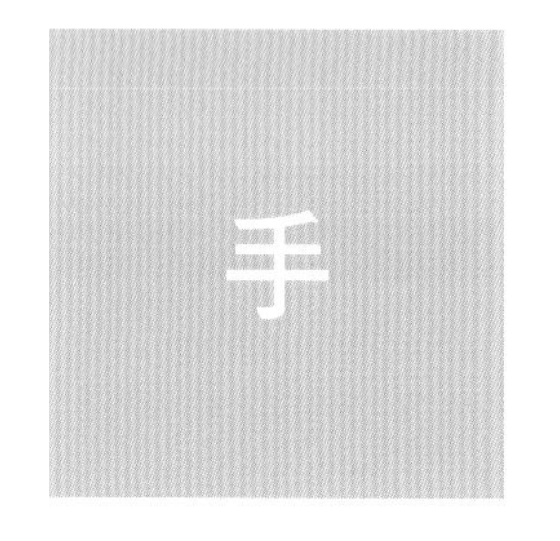

讓寶寶自由活動手與手指盡情畫畫

在這裡我們要讓寶寶體驗自己手部的動作能夠在紙上呈現的樂趣。

要教會寶寶鉛筆或蠟筆的正確握法，如果一開始掌握了錯誤的握法，以後要改正會很辛苦，所以為了趁現在讓寶寶正確握住畫筆，媽媽可以手拉手教寶寶畫。

一開始可以在牆上貼模造紙，讓寶寶用鉛筆自由畫畫。接著可以將紙在地板上鋪開讓寶寶畫畫。等寶寶可以握住鉛筆後再用蠟筆畫。鉛筆要使用短的鉛筆。用三點式（大拇指、食指、中指）握法。

平衡使用雙手
將紙長長撕開

作為撕面紙或報紙練習（參閱76頁）的後續，我們將繼續訓練手的動作方式、使用指尖、出力方式等。

使用大的紙張，將雙手大大打開，儘可能將紙長長撕開。能夠長長撕開後，就意味著寶寶已經能夠靈活使用雙手了。厚的紙、薄的紙、讀完的週刊或雜誌等都可以試看看喔！

注意 **沿著纖維的方向比較好撕開，因此請使用能夠朝一個方向撕開的紙吧！**

讓寶寶使用雙手儘可能把紙長長撕開吧！

建議 一開始為了讓寶寶比較好撕，媽媽可以先撕開一個小缺口。吸引到寶寶興趣後，手拉手讓寶寶挑戰看看。

靈活使用雙手 搭積木遊戲

可以培養孩子自由創造性的積木遊戲，是希望今後可以多多利用的遊戲之一。

將積木搭高高這一作業，出乎意外地困難，因此對這個時期的孩子來說可能沒辦法做到。一開始可以讓寶寶橫向排列積木，或者將媽媽搭起來的積木用倒。此時要教寶寶不要僅用單手，而是要使用雙手，另一隻手當作輔助。

一開始媽媽將積木搭起來，讓寶寶用倒。接著讓寶寶觀察並模仿媽媽搭積木的手勢。也可以讓寶寶橫向排列積木。等再長大一些，可以將積木組成轎車等。

疊高高遊戲 也可以鍛鍊大腦

比用積木搭高高更難的就是這個疊杯子遊戲。為了可以疊好杯子，首先需要認識大小，還需要掌握平衡感以防杯子倒下。

按照由大到小的順序，注意杯子不要倒下，靈活堆疊。

寶寶能夠獨自搭好積木大概要到1歲以後。如果要像照片中那樣將杯子疊得很好，要更長大一些，基本要到2歲左右了。

建議 這種杯子遊戲除了堆疊以外，還有各種玩法，可以在1歲以前就讓寶寶開始玩。

走路
是訓練大腦的最棒遊戲

寶寶會走路以後，多練習幾次習慣後，寶寶會一個人走去公園喔。他們會慢慢明白要朝哪個方向、要如何去、那裡有什麼。

能夠明白自己所處的地方，是因為大腦內有認知地圖（Cognitive map）。人們已經發現大腦為了製作這個認知地圖，需要位於大腦海馬迴內的「位置細胞」與位於內嗅皮質內的「網格細胞(grid cells)」發揮作用。

1個位置細胞要到了特定的位置時才會有所反應，在其他位置時是其他位置細胞反應。

因此數目眾多的位置細胞會慢慢積蓄在以記憶緊密相關的海馬迴內。另一方面，網格細胞是與移動相關的細胞，負責認知空間位置。老鼠在出生後14天離乳，第17天開始即可與成年老鼠一樣行動。即第17天就和成年老鼠一樣形成了網格細胞。人類也是一樣，到了2歲左右，就形成了和大人一樣的網格細胞。因此請務必多多利用。用的話細胞會增加，不用的話細胞不會形成，這就是大腦。

等寶寶會走之後，每天都讓寶寶多多走路吧！走路、移動這些行為都會讓位置細胞和網格細胞發揮作用，不斷更新認知地圖，使得海馬迴增大。海馬迴是主管大腦長期記憶的部位，因此走路可以鍛鍊記憶力。當然，還可以鍛鍊運動感覺區。沒有其他任何遊戲會像走路這樣能夠均衡鍛鍊大腦的了。

講師培訓講座
選自久保田競教授之演講

運動

練習踮腳尖練習
訓練雙腳大拇指

為了能夠站得穩和走得好，踢出雙腳大拇指很重要。進行爬斜坡的練習（參閱63頁）也是為了讓寶寶學習踢出大拇指。

等到寶寶會站立行走之後，接下來可以透過踮腳尖練習更靈活踢出大拇指。

在牆壁上貼上寶寶喜歡的卡通或吉祥物等圖片，讓寶寶踮腳尖去拿。也可以將玩具放在寶寶伸手能夠搆到的地方讓寶寶去拿。

倒立
培養平衡感

到了這個時期也可以開始進行更刺激的使用身體的遊戲。倒立就是其中之一。*

首先要教會寶寶雙手牢牢貼在地上。倒立可鍛鍊背肌、增強腕力，還能培養平衡感。

*編註：玩這個遊戲時，請家長確認寶寶的身體狀態，不可在飯後或疲累時操作；並注意倒立時不要壓迫到頸椎，停留時間約五秒即可。

一開始由媽媽抓住寶寶的腰部，讓寶寶身體搖搖晃晃的同時，用手向前進。等到雙手能夠牢牢貼在地面後，再讓寶寶進行倒立姿勢。

前翻練習
訓練平衡感

等寶寶能夠做到倒立之後，可以來進行讓身體向前翻轉的翻跟斗練習。這有助於寶寶掌握應對危險時的身體動作。

基本動作是寶寶自己用手撐住。能夠做得很好之後，翻跟斗也就沒問題了。

*編註：並非每個寶寶都適合進行這個動作，請家長自行判斷寶寶的身體狀況，切勿勉強進行。

讓寶寶兩手撐住，以蹲下的姿勢抬起雙腳。記住倒立時候的要領，兩手緊貼墊子，保持姿勢向前翻。手貼住時媽媽要一邊跟寶寶說：「看肚臍」，一邊幫忙讓寶寶的頭往裡面。如果寶寶不願意的話就不要勉強。

毛毛蟲遊戲

這個遊戲是在厚墊上像毛毛蟲一樣骨碌碌滾來滾去。這利用的是迷宮正姿反射作用下的身體動作。

首先要掌握身體與手的動作訣竅。孩子會很喜歡這個遊戲喔！媽媽也可以一起開心玩。

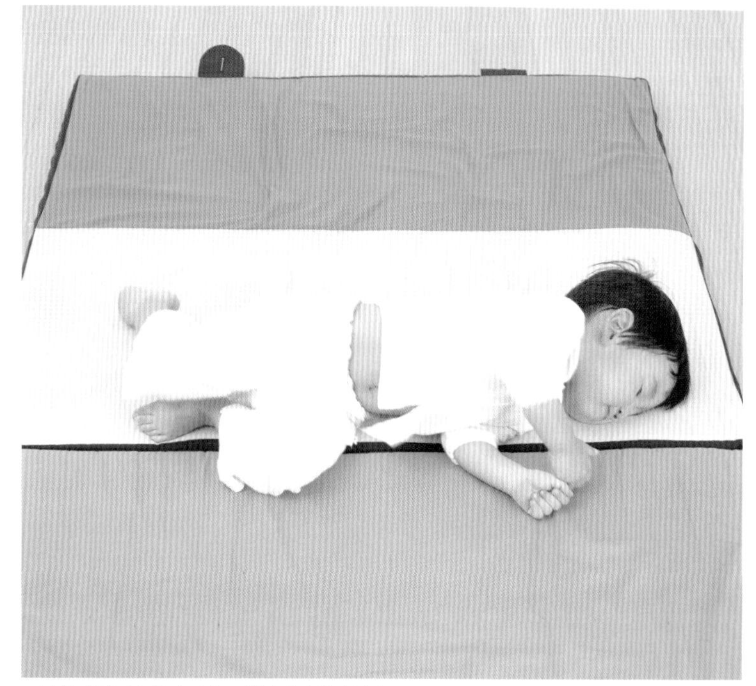

在被子或墊子上像毛毛蟲一樣骨碌碌滾來滾去。一開始可由媽媽示範，再讓寶寶模仿。

上下樓梯 練習轉移體重重心

對孩子來說上樓梯相對簡單，下樓梯則比較難。

一開始可使用結實的箱子等道具進行練習。等到不用手扶著也能爬上去之後，也可到公寓或大賣場的樓梯等處試試看。

利用大型的積木或箱子製作出高低差，一開始讓寶寶用手撐住爬上去。爬上去之後，再讓孩子背朝後下來。練習單腳交換牢牢支撐體重。

套圈圈遊戲
協調手腳與眼睛

套圈圈遊戲是為了讓孩子同時進行走路、判斷與目標的距離、投環等2～3件事情（協調），當然套圈圈遊戲還有其他更多好處。

一開始讓孩子拿著圈圈走到套塔旁邊將圈圈套進去。要教會寶寶將圈圈套進去的方法。等孩子能夠做得很好後，再從稍微遠一點的地方套進去。媽媽可以手拉手教孩子。如此漸漸拉開距離。

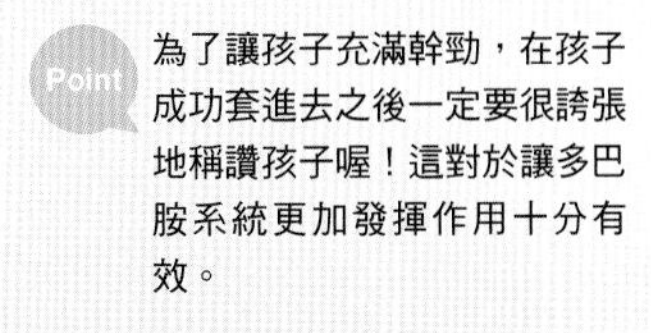

Point 為了讓孩子充滿幹勁，在孩子成功套進去之後一定要很誇張地稱讚孩子喔！這對於讓多巴胺系統更加發揮作用十分有效。

感覺

認識顏色
訓練色彩感覺

對同一顏色、不同顏色等進行顏色區分，讓色彩感覺逐漸發達。

這個遊戲不僅僅是區別顏色，透過一個一個撿起房間內散落的玩具，也可訓練週邊視野。

將紅、藍、黃各色小球（或玩具）散落在房間，另外準備顏色相同的紅、藍、黃的袋子，讓孩子將小球撿起來放入相同顏色的袋子中。

建議●也可以使用顏色不同的杯子或小球，詢問孩子：「喜歡哪個顏色？」，讓孩子從兩個中選擇一個。

抬頭看高處
協調視線與身體

透過訓練讓孩子能夠抬頭看高處或追視上下動的物品。

眼球的上下運動是很難的，但是如果能夠做到的話，視線與身體會成為一體（協調），行走姿勢也會更安穩。

先讓孩子看到高處的玩具，再上下、左右移動玩具讓孩子追視。要注意觀察孩子的雙眼是否跟著上下左右移動。

建議●也可將玩具吊在天花板上。在教室內我們使用的是紙飛機等。

撿起四散的球
鍛鍊視覺

這個撿球遊戲可幫助孩子鍛鍊各種感覺。首先可鍛鍊環視整體的週邊視野，其次撿同樣顏色的小球可鍛鍊顏色辨識，大小區別也可透過這個遊戲進行練習。

將大球、小球、顏色各異的球、手感不同的球等四處散開，讓孩子一個一個撿起來。練習看、走到目標物跟前、撿起、拿回來等動作。

用眼睛緊緊盯著
移動的物體
培養預測能力

這個練習不是發呆式地盯著物體，而是培養集中注意力看的能力，即「注視」。

用眼睛追著移動的物體看，訓練孩子緊緊盯著物體。掌握了這項能力後，可鍛鍊孩子將看到的東西記下並整理、保存到大腦中的能力。透過這個訓練，也可培養孩子「滾動的球會怎麼樣呢」這一預測能力。

使用紙偶劇場讓孩子聽故事的同時，追視紙偶的動作。在家裡，可將動物或車子形狀的剪紙貼在小鏡子上，反射光後映在天花板上動來動去，讓孩子追視。如此逐漸延長注視時間。

Point 在孩子還小的時候，當紙偶劇場中的紙偶消失後，孩子就會看向別處，但隨著月齡增長，孩子會記住紙偶後面還會再出現（工作記憶系統、短期記憶），即便紙偶消失，孩子還是不會看向別處，而是一直耐心等待紙偶再次出現。

智力

記住臉部各部位名稱

要趁早讓寶寶認識臉部。理解臉部的位置在大腦中也是特別的所在，比起身體的其他部分，寶寶會更關注臉部。利用這一點，趁現在也讓寶寶記住臉部各部位的名稱吧！

臉部貼紙遊戲

在紙上描繪出兔子或熊等簡單的動物臉部輪廓，問孩子「眼睛在哪裡？」「嘴巴在哪裡？」，讓孩子在眼睛、鼻子、嘴巴的位置上貼上圓形貼紙，製作簡單的頭像。

臉部手指謠

和孩子一起唱手指謠歌曲，一邊和著節奏觸摸孩子的眼睛、鼻子、嘴巴、臉頰、耳朵，再讓孩子模仿。也可以一邊照鏡子一邊玩這個遊戲喔！

Point 記憶臉部名稱是在這個時期，不過一邊唱這首歌一邊玩手指謠可以在更早期的時候進行，從寶寶能夠坐在媽媽膝蓋上開始就可以進行了喔！

認識大小

讓孩子比較身邊物品的大小，理解大小。

例如比較孩子的鞋子與爸爸的鞋子等，從日常生活中找出大小不同。

讓孩子看大小不同的兩個球，問孩子：「哪個大呢？」

建議 也可以將很多分成大、小兩種的球丟在地上，再準備一個大袋子和一個小袋子，讓孩子把大的球放入大袋子，小的球放入小袋子。

課程 1歲半～2歲左右

穩步走時期

前額葉皮質會活躍發揮作用的時期。讓孩子進行大量新體驗。也產生了個性，開始出現擅長或不擅長的事情，因此要讓寶寶努力將不擅長的事情練習到擅長。

* 讓寶寶多多看外面的世界。
* 練習牢牢注視物品。
* 對形狀與顏色的感覺更豐富。
* 學會各種運動方式。

為了生存必不可少的大腦基礎神經迴路大部分已經長成。為了讓前額葉皮質也前所未有地活躍發揮作用，儘可能為孩子創造大量新的體驗機會與環境吧！

這個時期請多多進行訓練，讓孩子看各式物品。不是像嬰兒時期那樣在反射作用下看東西，這個時期的孩子已經可以依據自己的意願認真看，因此多多帶孩子到公園、市中心、大賣場、百貨公司等地方，讓孩子見識外面的世界吧！

手指也更靈活，開始可以捏起小物品，也能夠進行更精細的作業了。

走路的姿勢也更穩當。但是請透過今後的練習讓孩子牢牢掌握走直線、橫向走、後退走等「應用篇」。此外也要讓孩子掌握遇到危險時瞬間停住的技巧。

激發社會性與智力的遊戲將是重點，但同時也要逐漸讓孩子學習日常生活的基本技能與禮儀等教養。

孩子的個性會更鮮明。仔細觀察孩子擅長與不擅長的事情，在幫助孩子提昇感興趣方面的能力時，也要讓孩子在不擅長的部分進行努力，以獲得發展。

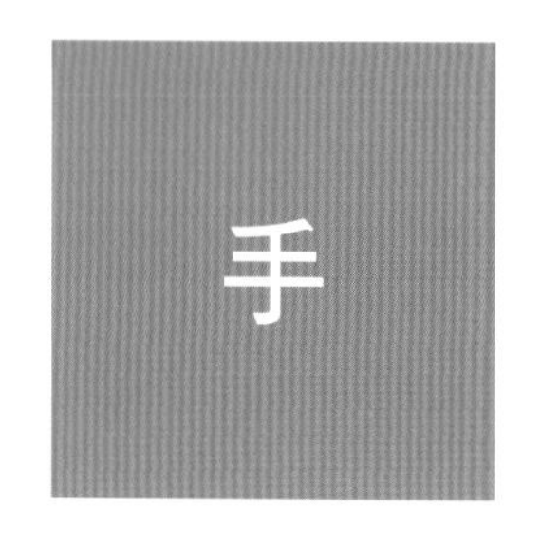

透過重疊數塊積木
掌握更正確的手指動作

在這裡我們要學習如何搭高積木。一開始搭2塊、3塊也沒關係。為了讓孩子可以自己做到，要鼓勵孩子堅持不斷練習。媽媽可以先示範給孩子看。

媽媽在孩子面前搭積木給孩子看。特別是讓孩子好好看清楚媽媽的手勢。接著把搭好的積木弄倒，跟孩子說：「寶貝也可以搭搭看喔」。一開始媽媽可以手拉手教孩子搭2層、3層。如果孩子做到了的話，請大力誇獎孩子。

穿線練習
訓練兩手協調

到了這個時期，孩子一直使用的手，即慣用手，已經很明顯了。

手分為慣用手與輔助手，各有不同的作用，要讓孩子逐漸明白只有雙手協調合作才能做好一件事情。

按照從大的孔洞到小的孔洞，從粗線到細線的順序進行練習。作為前一階段，可以將吸管四散開來讓孩子撿起來，讓孩子事先認識到有孔洞的存在。

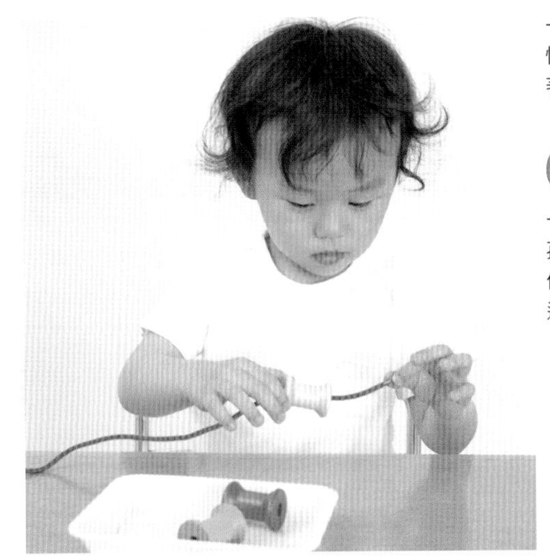

一開始將粗線穿過大的孔洞。慣用手拿著粗線，另一隻手拿著孔洞。

一開始媽媽可以穿1、2個給孩子看，要重視孩子自己想要做某件事的心情。注意不要逼迫孩子做。

等孩子能夠做到之後，再使用小一些的孔洞進行練習。

建議●如果孩子無法做到時，可以在線頭的前端纏繞上1～2cm的透明膠帶等，使其變硬，這樣比較容易穿過去。

將細線穿過更難的小洞（珠珠等）。讓孩子全神貫注地將所有精神集中在手指。照片中為已經將線穿過小洞，使用手指將線頭拉出。兩隻手都要求細膩的手指動作。

建議●也可以將吸管剪斷，使用捆行李用的尼龍線等細線穿過吸管。穿線練習需要將注意力集中在手指，因此也可以鍛鍊孩子的專注力。

均衡使用
雙手手指的力量
拉開或關閉拉鏈

手指更加靈活對於生活方面也十分便利。拉鏈的開合就是其中之一。使用像照片中一樣的布製玩具，讓孩子一邊玩樂一邊練習吧！

使用附帶拉鏈的布製玩具，讓孩子打開或關閉。

扣鈕扣
練習手指、
手腕的轉動

扣鈕扣是自立的第一步。讓我們透過遊戲來進行練習吧！孩子能夠學會很難的手腕轉動、牢牢抓住的手指力道等高難度技巧。

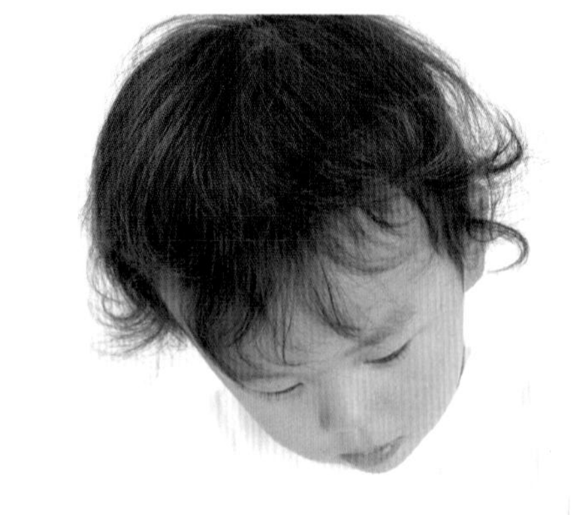

使用需要扣鈕扣的布製玩具，讓孩子練習扣鈕扣或解開鈕扣。如果孩子很難扣上時，媽媽可以從旁輔助，但不要太過明顯，讓孩子有「是我自己扣起來」這樣的滿足感。

建議●為了讓孩子對此有興趣並參與，媽媽也可以準備手作的教材喔！

在日常生活中穿脫衣物時讓孩子一點點慢慢練習，培養手指的靈活度。手指的使用能夠提高思考能力。

幼兒期記憶九九乘法表
具有很大效果

在最近的腦科學研究中，我們獲得了以下發現。

在進行心算時，成人會使用後部頭頂皮質進行思考，並將答案保存在海馬迴與後部頭頂皮質。使用後部頭頂皮質可以快速並正確計算出結果。

但是孩子則是使用額葉的前額葉皮質與前帶狀皮質進行計算，答案則作為工作記憶（短期記憶）保存在前額葉皮質。負責心算的神經迴路還未形成，因此計算比較慢，答案也不正確。

孩子在透過心算思考數字時，前額葉皮質會活躍作用，將答案保存在工作記憶，這個過程雖說是心算，但重點不在思考，而在記憶。實際上這是非常重要的事情。

孩子在心算時、記憶時，會念出聲或動作身體這種被稱為「Counting（計算）」的記憶輔助動作。

在主婦之友Little Land「久保田育兒法能力開發教室」中，按照我的課程，在四歲班級內使用Counting（計算）方法讓孩了記憶九九乘法表。使用Counting（計算）方法的話，記憶會更快，大家都會發出聲音、打著拍子背誦：「二三得六」「五六三十」。等到習慣之後，聲音會更小聲，也不再打拍子。這表明九九乘法的答案保存在了海馬迴內，而不是工作記憶系統內（短期記憶）。說明已經變得和大人的心算一樣了。

即便在四歲記住了乘法表也並不能馬上發揮作用，但是與同年齡的孩子相比，工作記憶系統與海馬迴都更發達。而且在進入國小學習算數中的加法、減法、數學概念時，孩子已經知道了國小2年級以上才學習的乘法的答案，這對孩子來說是非常大的先機。不僅為了培養數學能力，也為了透過心算培養前額葉皮質、工作記憶、海馬迴，讓孩子在幼兒時期就開始心算加法、減法、九九乘法吧！

講師培訓講座
選自久保田競教授之演講

運動

透過左右平衡直線行走完成雙足行走

雖說已經會走路了，但如果是搖搖晃晃的話並不算走得很好。因此我們來進行一步一步筆直行走練習吧！

不僅是向前走，也讓孩子試試看向側面走、後退走等各式方法。這樣做可以讓孩子學會均衡優美的行走方式。

在家裡也可以讓孩子沿著榻榻米的邊緣或在門檻上行走。

沿著直線行走

在地板上貼上膠帶或繩子，讓孩子沿著直線行走。一開始媽媽可以從後面扶著孩子的雙手，就好像要把孩子的身體拉到媽媽雙腳之間一般行走。等習慣之後，也可以試著讓孩子交叉雙腳走一字步等。

走路時要有節奏感。和媽媽手牽手時，不要只是使用一隻手，而是要兩手輪換牽，幫助孩子學會前後擺動雙手。

走平衡木

這是在較低的平衡木上保持平衡筆直行走的練習。一開始由媽媽扶著孩子的雙手進行練習，漸漸地讓孩子可以自己行走。

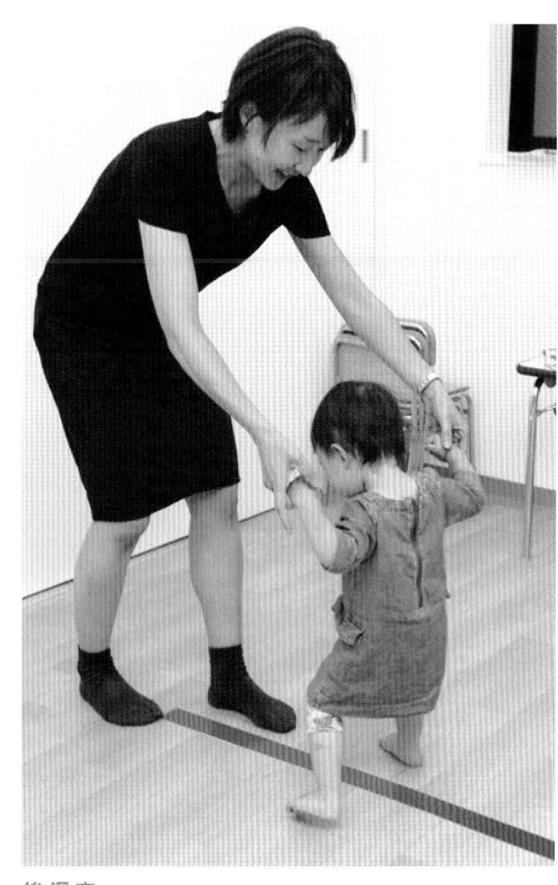

後退走

對於看得見的方向能夠平衡行走的孩子來說，向著看不見的方向行走時會很不安。媽媽一定要扶著孩子的雙手喔！

透過跑步
培育高難度的
大腦功能

在這裡我們要進行的練習，是為了讓孩子可以在媽媽的號令下活動身體或停止動作，必須要求高難度的大腦功能。此時重要的是「停止動作」的練習。能夠跟著號令停止動作的話，對於防止危險也十分有幫助。

在1歲左右孩子開始會走之後，是否對孩子進行了「停下」的練習呢？（參閱78頁）如果當時沒有練習的話，現在就多多練習這個「跑！」「停！」的練習吧！透過這些練習可以讓孩子掌握在發生危險的瞬間保護自身安全的技巧。

發出「預備！跑！」的號令後開始跑，接著在「停！」的號令下停止跑。也可以讓孩子跟著快節奏的歌曲練習。還可以使用繩子拉起起跑線和終點線，讓小朋友一起賽跑。

透過跳躍運動學習讓身體動起來的時機

跳躍是高難度的身體運動，可以讓孩子學習爆發力、動作身體的時機。

首先由從有高低差的地方雙腳併攏往下跳的練習開始吧！為了讓孩子不要害怕，一開始可以從比較低的地方起跳。

等到掌握了從高處跳下後，再進行平面跳躍練習。

讓孩子自己從低處跳下來

一開始放置1個大型積木，讓孩子自己雙腳併攏從上面跳下來。在家裡的話，也可以使用較低的一層台階。

媽媽扶著雙手，讓孩子從較高處跳下

2層、3層慢慢增加高難度。媽媽可以扶著孩子的雙手直到孩子可以自己跳躍而不害怕。

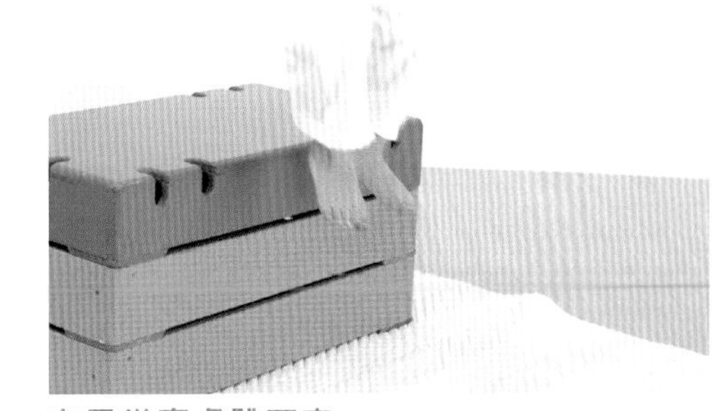

自己從高處跳下來

等孩子不怕之後，就可以讓孩子自己嘗試從高處跳下。請確認孩子跳下時雙腳是否穩穩落地。

Point 媽媽扶著孩子的手時，要靈活地從旁輔助，讓孩子產生是自己做到的感覺。

透過溜滑梯
掌握複雜的身體平衡移動

滑下來這一動作可讓孩子學習如何配合速度靈活固定頭部的位置，應對外界受到的力。

如果孩子能夠不害怕地滑下來之後，在外面可以玩的遊戲也會增加，因此積極練習吧！

使用較低的室內溜滑梯，讓孩子爬上樓梯滑下來。如果孩子害怕的話，不要牽著孩子的手，而是扶著背部（脖頸後方到腰部）進行輔助。

保持身體平衡的同時爬上平緩的樓梯，爬上去之後再練習下樓梯。下樓梯比較困難，因此孩子需要多花一些時間才能做到。

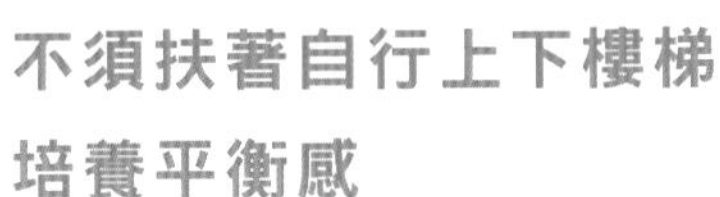

不須扶著自行上下樓梯 培養平衡感

之前孩子上下樓梯還需要雙手扶著或由媽媽牽著手，這時期開始能夠一個人很好地上下樓梯了。腳步不穩的時候媽媽可以支撐孩子的屁股。

單腳站立
鍛鍊平衡感與
足部肌肉

這個時期的孩子什麼都想要模仿大人。請務必也讓孩子模仿大人的複雜動作喔！

模仿媽媽進行單腳練習，培養高難度的平衡感。也建議你在鏡子前或在平衡木上一起做這個動作。即便在孩子能夠做到後，媽媽也不要停下來，要做很多次給孩子看喔！

伸展開雙手，保持平衡的同時單腳站立。也可以背對著燈光或陽光站立，在地板上或牆上倒映出影子讓孩子看。等孩子能夠做到以後，也可以試著蒙住雙眼站立。要讓孩子左右腳都會單腳站。

透過平面跳躍
學習更高難度的跳躍

等孩子能夠從高處跳躍後，這次來挑戰一下在平面跳躍吧！

這不僅僅是跳下來，還要先往上跳起，要教會孩子腳尖用力的時間點與身體的動作方式。

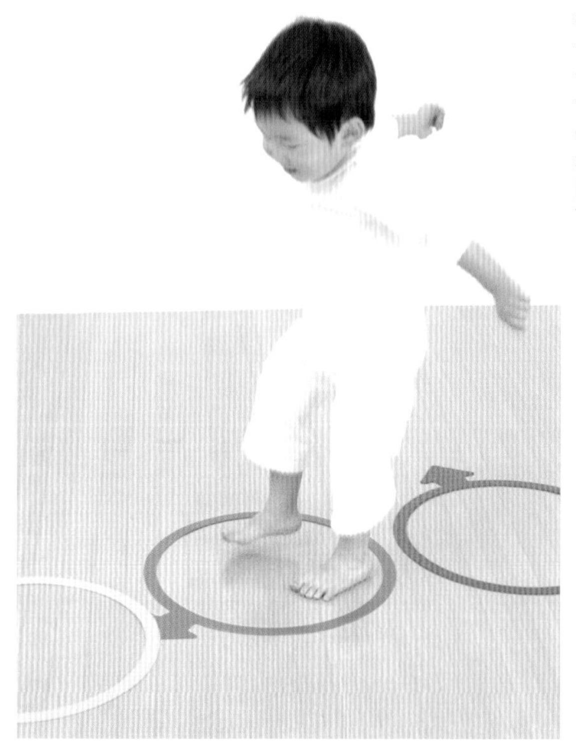

首先在地板上鋪上墊子讓孩子跳躍。媽媽抱著孩子的身體讓孩子高高跳起，記住那個感覺，接著再讓孩子自己試試看。等到學會跳躍之後，再在地面上畫幾個大圓圈，讓孩子玩跳躍到下一個圓圈的遊戲。

保齡球遊戲
培養手眼協調

保齡球遊戲不是單純滾動球，還需要用眼睛鎖定目標，讓球向著目標滾動。這個遊戲需要綜合各種動作與感覺，可以說是一項高難度的遊戲。

如照片所示，可以使用孩童用的保齡球玩具，也可以將空罐橫向排列或縱向堆積起來都可。讓孩子從稍微遠一些地方蹲著滾動球，讓球擊倒保齡球或空罐。如果有倒下的話記得要很誇張地稱讚孩子喔！

建議❶作為遊戲的進一步應用，可以讓孩子數一數倒掉的保齡球或空罐的數量，或者讓孩子把倒下的保齡球或空罐拿過來。

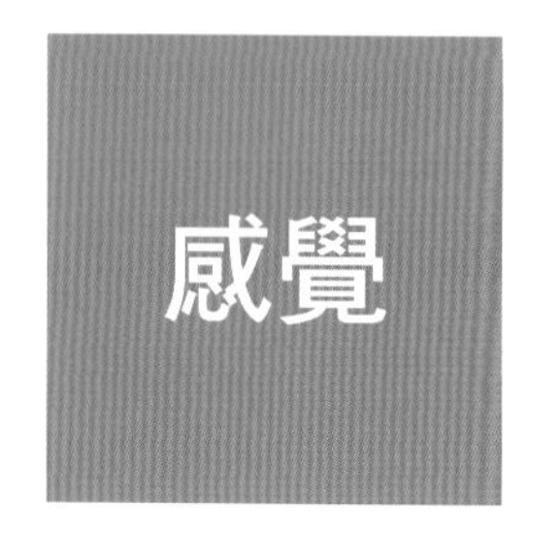

感覺

鍛鍊聽覺
區分聲音

敲擊或吹奏會發出聲音的玩具或身邊的生活道具，告訴孩子是什麼物品發出了什麼樣的聲音，還有各種聲音的區別。

這不僅可以培養聽覺，對培養節奏感也很有幫助。

躲藏在屏風或門等後面，讓孩子聽鼓、喇叭、鈴鐺、木琴、杯子等物品發出的各式聲音，再問孩子：「這是什麼聲音？」讓孩子回答。等孩子回答後，再讓孩子看到發出聲音的物品，再次發出聲音，告知孩子各種物品發出的聲音有所不同。

社會性

模仿遊戲
培養交流能力

與媽媽或其他小朋友一起玩扮家家酒遊戲、打電話遊戲。這些模仿遊戲的目的之一是讓孩子在玩樂中複習各種身體動作，但更重要的是一個讓孩子掌握社會性禮儀的機會。

為了讓模仿遊戲更豐富，媽媽平日可以多讓孩子看各式生活場景喔！

扮家家酒遊戲
一開始可以和媽媽一起玩，也可以讓玩偶假扮作媽媽。拿著扮家家酒的道具，練習「請喝茶」、「謝謝」等日常會話。等到會玩以後可以和朋友一起玩。

收玩具

訓練孩子養成自己收玩具的習慣，在玩好玩具後會自己將玩具收入盒子中。為了培育出會整理的孩子，要趁現在讓孩子養成這個好習慣。

在結束遊戲後，媽媽可以跟孩子說：「來吧，我們來收玩具囉」，並督促孩子將玩具收入盒子中。要教會孩子弄亂的東西一定要收拾乾淨。

智力

認知物體形狀
培養觀察力

區分同樣的形狀、稍微不同的形狀，將同樣的形狀放在一起等的遊戲，可以說是將物品分類這一技術的最初級。

可以使用幼兒專用的拼圖、拼貼畫、剪切厚紙製成的媽媽手作教材等，不斷豐富遊戲的內容。

透過這些遊戲，孩子的手指會更靈活，也可掌握觀察力。

給孩子單純的拼圖玩具，讓孩子從挖空部分放入可配對的積木。透過放入與孔洞形狀相同的積木，區別○、△、□等形狀。

透過微妙的顏色差異
進一步培養色彩感覺

能夠區分紅、藍、黃等明快的顏色後，接下來學習區別粉色、奶油色、淡藍色、黃綠色等微妙的顏色。在每天的生活中，以衣服、坐墊、窗簾、孩子很喜歡的玩具或布偶等身邊的物品作為教材，慢慢教孩子吧！也可以使用繪本、宣傳單喔！

先在紙上畫上○、△、□（也可以利用形狀圖章等），讓孩子將相同形狀的貼紙貼上去，區別相似或不同的形狀。

Point 建議●也可以準備臉部形狀的拼圖等，讓孩子記憶眼睛、耳朵等臉部各部位名稱。

培養前額葉皮質
明白大小、輕重、長短

透過比較兩個物品，讓孩子掌握大的小的、輕的重的、長的短的等表達量的概念。

在日常生活中也有很多機會可以教孩子這些概念。媽媽要注意不要錯過這些機會，多多讓孩子體驗理解。

輕重

準備大小相同的牛奶盒等物品，一個放入很多沙子或紅豆（較重），另一個放入一點點（較輕）。讓孩子同時交互拿著，問孩子：「哪個重？」也可以使用大小相同的瓶子或鞋子等。

長短

先準備好將繩子或絲帶剪成長短不一，或鉛筆等同一種類但長度不同的物品，問孩子：「哪個長？」「短的是哪個？」讓孩子回答。為了方便孩子理解，可以將兩個物品並排讓孩子看。長短相差較大的話更好理解。

顏色與形狀的測試

在2歲課程的最後，來挑戰一下高難度的測試吧！這是透過使用顏色與形狀2種不同性質的刺激，鍛鍊前額葉皮質的46區、運動聯合區、運動區（參閱第9頁）。會幫助孩子更快決斷事物、提昇記憶力、手部更快更靈活。

最初進行簡單測試

「請選出紅色卡片」（藍色、黃色也各選3張）、接著「請選出三角形卡片」（圓形、正方形也各選3張）。如果孩子都選對的話記得誇獎孩子喔！

Point 如果之前的課程都能夠完成的話，這個測試應該可以簡單完成。

建議●如果孩子猜錯的話，「這個不對喔」然後將卡片翻過來繼續測試。如此做幾次之後，前額葉皮質會發揮作用，慢慢變得不容易出錯。如果孩子做到了，要記得很誇張地稱讚孩子喔！

接著進行複雜測試

一開始將有顏色的表面露出排列在桌子上，讓孩子看清楚狀態後再將卡片翻過來，裡面朝上。

1

「試著將黃色卡片翻過來吧」「哇，全部正確耶」

2

「這個圓形卡片是什麼顏色呢？啊，是藍色。那其他的藍色卡片在哪裡呢？」

3

「哇，太棒了！寶貝找到了所有的藍色卡片呢！」

4

「剩下的卡片是什麼顏色呢？」

教室開辦30年

久保田競、佳代子教授
與主婦之友社共同開發的
育腦法

久保田育兒法能力開發教室

主婦之友Little Land

何謂大腦工作？

「久保田育兒法」是久保田競教授、佳代子教授與主婦之友社耗時30年開發出的，是最大限度延伸孩子「腦力」的最新育腦項目。

剛剛出生的寶寶就已經有多達140億個的神經細胞，但是細胞之間還未連接在一起，因此幾乎沒有發揮作用。但是如果抓好時機對眼睛、耳朵、皮膚等部位進行刺激，可為神經細胞形成突觸（synapse），突觸可連接細胞與細胞，慢慢形成細胞之間傳遞信息的神經迴路。

大腦工作指的是透過累積各式經驗，突觸增加，神經細胞連接，神經迴路更緊密。

0～4歲是大腦最發達的時期

人類的大腦一出生即開始活動，0～4歲是一生中大腦最發達的時期。在如此最重要的時期，給予與大腦發達程度相應的刺激，這就是久保田育兒法能力開發教室的目標。

久保田育兒法能力開發教室的目的在於在讓頭、心、身體均衡發達的同時，也培育大腦的神經迴路。

全都是培育大腦的課程

久保田競教授認為所謂「真正的頭腦好」是在遇到問題的時候，能夠看穿問題的本質、找出解決方法並快速行動的能力。即在感受性、積極性、獨創性、意願、運動力、專注力等所有方面都很優秀，且均衡發展，這些綜合的能力都是由大腦的「前額葉皮質」的作用決定的。因此，從嬰幼兒時期開始對大腦給予刺激（作用）、促進前額葉皮質發展是十分重要的。

培養真正頭腦好的孩子

與媽媽的互動幫助孩子大腦發展

在媽媽傳承給女兒的以前的育兒方法中，有很多經實證對促進孩子大腦發達有效果的方法。久保田佳代子教授與主婦之友社以久保田競教授的腦科學研究為基礎，對於在各個時期要給予何種刺激這一疑問，在0～5歲幼兒進行實踐，並與以前的育兒方法融合，確立出原創的嬰幼兒教育法。這就是「久保田育兒法」。

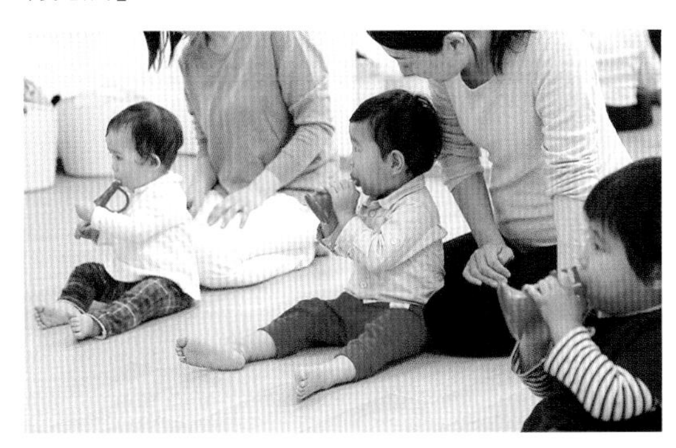

嬰兒班
(2～24個月)

大腦只有使用過的部分會發生作用。在大腦很發達的3、4歲之前，是否給予大腦足夠的優質刺激，會導致大腦的大小產生差異。在嬰兒班我們會在配合大腦成長的最佳時機，使用眼睛、嘴巴、手、手指、腳、耳朵、身體的所有部位對大腦進行刺激，使得大腦均衡發展。在嬰兒班將教導媽媽們在日常的育兒過程中「為了大大促進寶寶的大腦發展該如何做」。

2歲班

到了2歲左右，寶寶開始會使用前額葉皮質行動，與嬰兒班相比，增加了讓寶寶掌握思考力、語言理解力的課程。從2歲開始都是面向寶寶的課程了。使用運筆、剪刀、膠水、佳代子教材、讓寶寶認知數字概念、鍛鍊手部靈活度（靈巧性）、正確性。

在這些課程中，寶寶也會養成專注力。久保田競教授提倡的使用Counting（計算）方法進行個位數加法、減法的心算是從2歲開始的。

3歲班

在久保田育兒法能力開發教室上課的孩子，到了這個時期能夠坐90分鐘，掌握了壓倒性的專注力。能夠認真聽並理解老師或朋友說的話、判斷並表達自己該做的事情。在這種優秀的專注力之下，學習更高難度的課程，提昇思考力、理解力與表達力，大大培養交流能力。

5歲班（考試班）

即便會學習，但是無協調性、無精力、無興趣的話，不能稱為真正的聰明。在5歲班級將培養孩子的交流能力、判斷力、積極性。為了讓孩子即便上了國小，也能成為具有領導能力的真正聰明的孩子，將培養孩子豐富的思考力、判斷力、觀察力、表達力、理解力的基礎。在該課程中，有很多與國立小學考試相通的部分，因此也有很多孩子作為考試對策而參加5歲班。

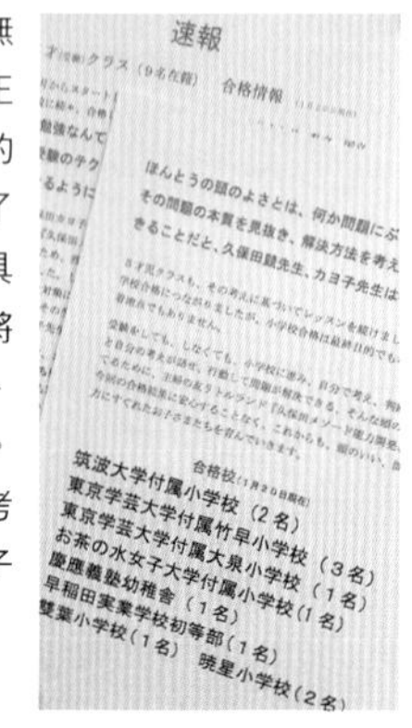
速報

クラス　合格情報

ほんとうの頭のよさとは、何か問題にぶ
その問題の本質を見抜き、解決方法を考え
きることだと、久保田競先生、カヨ子先生は

合格校

筑波大学付属小学校（2名）
東京学芸大学付属竹早小学校（3名）
東京学芸大学付属大泉小学校（1名）
お茶の水女子大学付属小学校（1名）
慶應義塾幼稚舎（1名）
早稲田実業学校初等部（1名）
雙葉小学校（1名）　暁星小学校（2名）

4歲班

為了在前額葉皮質發展完成的4歲之前培養更加優秀的大腦，在4歲班級中，會進行更高階的課程，讓孩子自己思考判斷該做什麼，養成能夠行動的實行力、積極性、縝密性與正確性。從4歲開始也將使用Counting（計算）進行九九乘法心算。

寶寶能力開發教室
久保田育兒法

東京／水道橋教室　浅草教室　吉祥寺教室
若葉台教室
神奈川／センター北教室
茨城／つくば教室
愛知／名古屋教室

久保田育兒法能力開發教室於2015年4月開始第一堂5歲班（考試班）。
從0歲、1歲開始上課，直到2016年3月最後一堂課，
從久保田育兒法能力開發教室畢業的學生的媽媽們給我們的評價如下：

4年間獲得了獨特的珍貴體驗

A女士
（就讀於學藝大學附屬竹早小學1年級的H小朋友的媽媽）

在一個叫做「生存借鏡（エチカの鏡）」的電視節目中看到了久保田佳代子教授後，我就感覺可以獲得獨特的體驗，因此開始讓孩子上課。

從10個月大開始能夠握住鉛筆、14個月開始學習倒立。從母子分離的2歲開始，還加入了體操、合奏等，3、4歲還有九九乘法心算、靈活使用針與線進行刺繡、編織毛線。這些都是僅憑我一人無法做到的寶貴經驗。

老師們十分開朗活潑，親身教導孩子，因此我也很放心向老師諮詢，結果兒子就持續上了4年，現在女兒也正在上課。

孩子獲得了令人驚訝的專注力與探索心，還交到了好朋友，真的非常感謝。

令人驚訝的挑戰與專注力息息相關

T女士
（就讀於筑波大學附屬小學1年級的A小朋友的媽媽）

在久保田育兒法能力開發教室內，有很多值得信賴的優秀老師。

我一開始對於孩子3歲學習九九乘法、背誦詩詞「不要輸給雨（雨ニモマケズ）」等大吃一驚，但是最終我理解了在老師的教導下孩子居然能夠吸收到這種程度。此外對於一般家長認為危險的剪刀，老師也會教會孩子正確、安全地使用。

在如此驚人的經驗積累下，到了考試班，坐在書桌前就會有很強的專注力。孩子跟我說有的題目做不出來覺得很不甘心時，我真的覺得孩子長大了。從1歲半開始上課，遇見了非常棒的老師，對於我們母女來說都是非常難忘的經歷。

久保田育兒法 網路教室

預計2016年7月開始

如果您家附近沒有教室、或者您因工作而無法前往教室上課的話，推薦您利用網路教室。請實際體驗一下在媽媽的刺激下，讓孩子的大腦獲得大大發展。請務必體驗看看喔！

PROFILE

久保田競

主婦之友Little Land「久保田育兒法能力開發教室」理事
京都大學名譽教授、醫學博士。東京大學醫學部畢業後，直接升入同一大學研究所。之後赴美國奧勒岡州立醫科大學留學。歸國後修畢東京大學研究所課程，之後就任京都大學靈長類研究所神經生理研究部門教授，其後升任該研究所所長。2007年開始擔任國際醫學技術專門學校副校長至今。2011年獲頒瑞寶中綬勳章。

PROFILE

久保田佳代子

主婦之友Little Land「久保田育兒法能力開發教室」理事
久保田競教授之妻，基於久保田競的腦科學理論，創立了「久保田式育兒法」。1993年為止一直主持主婦之友「寶寶腦力開發教室」。2008年設立株式會社腦研工房，發行「umanma」「umanma絵本」。作為「腦科學阿嬤」而聞名，在為育腦煩惱的媽媽們之中擁有極高人氣。

TITLE

新版 寶寶大腦開竅的黃金七堂課

STAFF

出版　三悅文化圖書事業有限公司
作者　久保田競　久保田佳代子
譯者　黃鳳瓊

總編輯　郭湘齡
文字編輯　徐承義　蔣詩綺　陳亭安
美術編輯　孫慧琪
排版　執筆者設計工作室
製版　印研科技有限公司
印刷　龍岡數位文化股份有限公司

法律顧問　經兆國際法律事務所　黃沛聲律師

戶名　瑞昇文化事業股份有限公司
劃撥帳號　19598343
地址　新北市中和區景平路464巷2弄1-4號
電話　(02)2945-3191
傳真　(02)2945-3190
網址　www.rising-books.com.tw
Mail　deepblue@rising-books.com.tw

初版日期　2018年9月
定價　320元

ORIGINAL JAPANESE EDITION STAFF

装丁・デザイン　今井悦子（ＭＥＴ）奥富信吾
撮影　柴田和宣、土屋哲朗（ともに、主婦の友社写真部）、千葉充、山田洋二、森安照、加賀美光一
イラスト　野口真弓
編集協力　主婦の友リトルランド「久保田メソッド能力開発教室」講師、生徒の皆さん
校閲　東京出版サービスセンター
編集まとめ　佐藤一彦（主婦の友リトルランド）

國家圖書館出版品預行編目資料

新版寶寶大腦開竅的黃金七堂課 / 久保田競, 久保田佳代子共著 ; 黃鳳瓊譯. -- 初版. -- 新北市 : 三悅文化圖書, 2018.09
128 面 ; 18.2 x 23.5 公分
譯自 : 新版　赤ちゃんの脳を育む本
ISBN 978-986-96730-1-3(平裝)
1.育兒 2.健腦法

428.8　107015133

新版　赤ちゃんの脳を育む本

Originally published in Japan by Shufunotomo Co., Ltd
Translation rights arranged with Shufunotomo Co., Ltd.
Through DAIKOUSHA INC., Kawagoe.